◆ 青少年成长寄语丛书 ◆

信心决定成败

◎战晓书 编

吉林人民出版社

图书在版编目(CIP)数据

信心决定成败 / 战晓书编. -- 长春：吉林人民出
版社, 2012.7

(青少年成长寄语丛书)

ISBN 978-7-206-09140-7

Ⅰ.①信… Ⅱ.①战… Ⅲ.①自信心 – 青年读物②自
信心 – 少年读物 Ⅳ.①B848.4-49

中国版本图书馆 CIP 数据核字(2012)第 150815 号

信心决定成败

XINXIN JUEDING CHENGBAI

编　者:战晓书

责任编辑:刘　学　　　　　　封面设计:七　洱

吉林人民出版社出版 发行(长春市人民大街7548号　邮政编码:130022)

印　刷:北京市一鑫印务有限公司

开　本:670mm×950mm　　　　1/16

印　张:13　　　　　　　字　数:150千字

标准书号:ISBN 978-7-206-09140-7

版　次:2012年7月第1版　　　印　次:2021年8月第2次印刷

定　价:45.00元

目 录
CONTENTS

目 录
CONTENTS

目 录
CONTENTS

目　录
CONTENTS

再坚持一阵子

　　我是上初中时开始迷上写作的。和所有的文学爱好者一样，我也写了很多东西，左手诗歌右手散文，写得很是热忱，然后迫不及待地天女散花般地投入全国各地的中学生文学报刊，之后，开始了我不安和充满希望的等待。

　　每天上午课间，当班干部去学校传达室把信拿回教室时，我的心都忍不住怦怦直跳，我暗自祈祷着，但愿今天能交好运。当那些印有报刊名址的信交到我手上时，我几乎不敢动手把它打开，我害怕又是退稿。但又心怀一丝侥幸，这回也许不是吧？我的手微微颤抖着把信打开，我彻底地失望了。身边的同学问我："大作发表了吗？什么时候请客啊？"这些并无多少恶意的玩笑在此刻听来格外刺耳，我的脸在发烧，我愠怒地瞪了一眼说这话的同学，他们轻叹了一声，自讨没趣地做他们的事了。我在心里狠狠地发誓：总有一天，我要让你们对我刮目相看。

　　但这一天迟迟没有来到。在最初的一年里，我的退稿信加起来足足有一百封，每增加一封退稿信，我对自己的怀疑也随之多了一分，我不止一次地问自己：我究竟是不是搞写作的材料啊？到后来，我完全地动摇和绝望了，那些退稿信对我是一个极大的打击和讽刺，从此，我不敢再对同学说我在投稿，我再也无法承受他们无言的奚落，我在每一篇稿件上都注明：如不采用，无须退稿。一切都在悄声无息中进行，心理压力小了些，我在进行最后的坚持和努力。但命运仍没有转机，我想我真的是不可救药了。

我对自己说，放弃吧，也许我一开始就选错了路。但当又一篇文章从笔下流淌出来，仔细看看，觉得比以前的都好，心灰意冷的心又重新燃起希望，我说，再投一次，如再无结果，一定回头。

这样反复了无数次，等来的依然是希望的破灭，成功依然遥遥无期。我再也没有理由说服自己，继续做那些无望的努力。我把所有的文章和退稿信一把火烧了，我泪流满面，那是在焚烧一颗希望的种子啊！就在那天夜里，我把自己开始文学创作以来的种种辛酸和艰难写进了日记，字字含泪，句句带情，令我自己也动容。我在日记中说：别了，缪斯！当我合上日记本时，我那曾为文学女神怦然心跳的心终于宁静下来，或者说，死了。

后来一位非常要好的朋友看到的我的这篇日记，非常惊讶，他说："稍做修改，这便是一篇好文章，很有生活体验啊，一定可以发表。"我的心被说动了，把那篇日记反复地修改之后，投了《青少年文学》杂志，没多久，编辑老师来信说：文章真实生动，准备采用。

世界一下子变得明媚和美好起来，我高兴得几乎要跳起来，我有一种绝处逢生的感觉。我把这个喜讯告诉那位朋友，他分享着我的喜悦，他说："其实在你每一次失败之后，离成功又进了一步，因为你总在不停进步，为什么不再坚持一阵子，或许这次失败之后，便迎来了成功。"

我的心豁然开朗，是啊，只要我们选择了某个目标，在通向它的路上，在一次一次的失败和挫折之后，我们不要轻言放弃，咬着牙对自己说：再坚持一阵子，因为成功离我们越来越近了。

（高粱）

执 着

　　快走上桥的时候，我看见了一个孩子。约莫有4岁了吧，白白的光头上一无所有，两只眼睛此时有些发了狠的样子。他推着一辆小车，正用力想把它推上桥。桥有些长，桥坡也有些陡，人行道还比行车道更高些。他或许是已经用了吃奶的力气，才把这小车推到了这桥坡的中央。此时是黄昏，罕有车子驶过，于是红艳艳的太阳光照在桥和流逝不息的水面上，显得格外宁静。我看见几个中年妇女正在远处说着什么，我不知道哪个是这孩子的母亲。这可真是年轻的没有经验的母亲了，竟然能让这么幼小的孩子推车上这么一座大桥的坡。

　　于是我有些不忍。便走了过去，拿起了孩子费了许多力的小车。对我来说，这是多么轻而易举的事啊！我把它放在了桥顶，回转身来，望着由下而上的孩子。或许是等着孩子说："谢谢你，叔叔！"然而孩子却一句话也不说，仿佛是在怪我的多事，只见他推起车，小心翼翼地向下推，向原来的地方推去。我奇怪极了。

　　孩子到了他原来所推到的地方，又倒转向，再向上推。他依然费力推着，透过小脸上的汗迹，我终于看见了刚才疏忽了的神情——自信。

是的，他能行。这么一点小事，他不需要他母亲的帮助，更不需要我那小小的怜悯。

（吕冬云）

给自己一个机会

　　我的朋友伟是一家公司的人事主管，经他的手选聘的人才有一百多人，谈起应聘的话题，他简直是滔滔不绝。

　　他说他见到的最多的是那些初入社会的年轻人，一点社会经验都没有，虽然很多人怀揣本科甚至是硕士文凭、学位，但是在他这个业余大学毕业的考官面前，总是露出一种底气不足或者太嫩的样子，许多机会不是他不愿给，而是他们自己放弃了。

　　有一次，一位本科生到伟那里应聘，伟看了他的简历后，对他很感兴趣，在心里已经给他打了70分了，只是接下来的谈话出了问题。

　　伟很随意地问他："对这份工作喜不喜爱？"

　　他犹豫了一下说："我会慢慢喜欢上这份工作的。"

　　伟警觉起来，追问道："这么说，这份工作对你来说并不是太理想？"

　　他点了点头说："没办法，我学的专业面太窄，不容易找到对口的工作，你知道，所学非所用是件令人痛苦的事。"

　　伟想，你这是拿我们公司做跳板呀，有了理想的工作你马上跳槽。伟想放弃他，但是，伟从他的简历中看到他来自一个极贫困的山区，一个穷乡僻壤的小山村能出这么一个人才实属不易，他还是决定再给那个青年一个机会。于是他不动声色地说："你先回去好吗？一周内我们会作出决定，你可以打电话来问结果。"

那个青年站起来，向门口走去。

伟见他竟没向自己要电话号码，有些失望。当那个青年将要走出门去时，伟终于忍不住叫住他，把电话号码抄给他说："你可以打这个电话，我随时都在。"

那个青年接过纸条看也没看，塞进口袋，转身默默地走了。

伟想，只要他打电话来，我就录用他。但是，结果是那个青年自己放弃了。

我没有机会采访到那个有着本科学历的青年，无法知道他是怎么想的。是他没有打电话的那1元钱？还是他对这份工作的失望？或者是他找到了更理想的工作？如果他后来知道伟已经打算录用他了，他会不会后悔？

当我把这个故事讲给更多的正处在择业中的青年听时，他们无不惊讶地瞪大眼睛说："那个青年怎么这么迟钝！"

我问他们："想一想，在你们的应聘过程中，说没说过这种很蠢的话？有没有忽略过人事主管或考官的这种暗示？"

他们当中大多数人都低下了头。

有时候，不是别人要放弃你，而是你自己放弃了自己。很多机

会都是自己给予的，向前走一步，就可以撞个花香满怀，这一步，
你为何不走？你连试一试的勇气都没有，那你怎么会成功？

（程咏泉）

成大事只要一点点勇气

林肯在给一位朋友的信中，曾经谈到过这样一段幼年的经历：

"我父亲在西雅图有一块农场，上面有许多石头，母亲建议把上面的石头搬走。父亲说如果可以搬，原先的主人就不会把地卖给我们了，它们是一座小山头，与大山连着。有一年，父亲去城里买马，母亲带着我们在农场里开始挖那一块块石头，不长时间，就把它们给弄走了。因为它们并不是父亲想象的山头，而是一块块孤零零的石头，只要往下挖一英尺，就可以把它们晃动。"

林肯在信的末尾说："有些事情一些人之所以不去做，只是因为他们认为不可能，其实有许多的不可能只存在于人们的想象之中。"

美国UTSTARCOM（中国）有限公司总裁、海外归国留学生吴鹰，1986年在国外留学时曾去应聘一位著名教授的助教，这是一个难得的机会，收入丰厚，又不影响学习，还能接触到最先进的科技资讯，但当吴鹰赶到报名处时，那里已挤满了人。

经过筛选，取得报考资格的各国留学生就有三十多人，成功的希望实在渺茫。考试前几天，几位中国留学生使尽浑身解数，打探起教授的情况来。几经周折，他们终于得知，主持这次考试的教授曾在朝鲜战场上当过中国军队的俘虏！

中国留学生们这下全死心了，把时间花在不可能的事情上，再愚蠢不过了！他们纷纷宣告退出。吴鹰的一位好友也劝他说："算了吧，把精力分出来多刷几个盘子。好歹还能挣点学费！"但是吴鹰并未为之所动，还是如期参加了考试。在教授面前，他很能放得开，将自己完全融入助教的角色中。

"OK！就是你了！"当教授给了吴鹰一个肯定的答复后，又微笑着说："你知道我为什么录取你吗？"吴鹰诚实地摇摇头。

"其实你在所有的应试者中并不是最好的，但你不像你的那些同胞，他们看起来好像很聪明，其实挺愚蠢，更没有勇气。你们是为我工作，只要能给我当好助手就行了，还想几十年前的事干什么？我很欣赏你的勇气，这就是我录取你的原因。"

走出考场，吴鹰立刻被同胞们围了起来，听说他被录取了，那几位中途退出的留学生不由得顿足捶胸，多好的机会被错过了！后来吴鹰又听说，教授当年的确是做过中国军队的俘虏，但中国士兵对他很好，根本没有为难过他，他至今还念念不忘呢！

如今，吴鹰的公司股市值已达七十多亿美元，他被美国著名的商业杂志《亚洲之星》评选为最有影响力的50位亚洲人之一。吴鹰承认，当初求职的经历对他以后事业的影响是至关重要的。

其实，无论是求职，还是干一番事业，自信心都是第一位的，一个人的天赋并不是决定成功的关键因素，重要的是要对自己有足够的信心和勇气。记住，"不是你没有力量，而是没有去实现。"不信，你可以去试试！

（张永会）

你的"表"准吗？

　　走在大街上，一个满脸焦灼的女孩向我询问时间。我看了一下手表，然后告诉了她。可能女孩有什么要紧的事，她的表情有些半信半疑的。我诙谐地向她打趣说，放心吧，我的表虽不是"劳力士"，可也是名牌。女孩被我的情绪感染了，她长长地出了一口气，先向我道了声谢，然后自言自语地说，看来误不了事，那我就坐公共汽车去了。

　　晚饭后，我懒散地倚靠在沙发上看电视。中央电视台新闻联播即将开始时，照例会有一次报时。不知怎的，我突然想起了那个陌生女孩，便下意识地抬腕看看手表。一看之下令我吃了一惊，这块用了一年，我一直对其深信不疑的表，竟慢了整整十五分钟。

　　我内心有些不安起来，担心因我的误导，耽误了那女孩子的大事。紧接着我又想起了这些天来发生在单位的事：显示着北京时间的钟表到处都是，自己竟有半年多时间没有对过表；下属拿着名贵的手表来和我对时间，我竟没有觉察到他们是在暗示我："领导的表很准"的"共识"和"领导的时间观念很强"的"称誉"，原来都是幽默的调侃……

这件寻常小事使我想了很多：究竟是"好表"带来的自信，还是自信产生的"好表"？这不知已延续了多长时间的"好表"与"自信"，不知已给他人带来多少误导，不知让别人看了自己多少笑话。一块"好表"尚且造成了如此多的黑色幽默，那么，那些由个人文化层次、知识结构、生长环境、人生阅历以及世界观、人生观、价值观、思维习惯等形成的评判事物的尺度，又有多少是真正的"好表"，有多少是自认为的，其实是荒谬的"好表"？

随着年龄的增长，我们每个人都会在头脑中形成各种各样的思想、概念、标准，但对这些思想、概念、标准的取舍与校正，却远不如"校表"那样简单——因为人的局限性，因为事物的不断发展变化。然而事实却是，很多人都在潜意识中对自己所做的取舍与校正充满自信。

当我们怀着这份自信高谈阔论世事、国事时，窃窃私语于同事朋友时，说长道短于邻里时，当我们对子女施加影响时，对下属"陟罚臧否"时，对自己的能力水平自我甄别时……是否都有过这样的反躬自省：我的"表"准吗？我的标准是"东八区"还是"西八区"的？是"地方时"还是"世界时"？……

如果说自信给我们带来的是果敢、刚毅和开拓进取的话，那么适当的自我怀疑，则会使我们有清醒的自省；使我们能虚心地纳言、不断地学习、经常地校对；使我们能严肃地判断或评说各种纷至沓来的思想、概念、标准；使我们能较好地揭示众说纷纭的事物的真相，直达事物的本质。

我们，尤其是那些有名望、有地位、有权势、备受尊崇的人，是否都应该经常自问一下：我的"表"准吗？我用的是一块"好表"吗？

（张起韬）

自己证明自己

大学毕业后，我被分配到一所矿区中学任教。这所学校的规模比较大，有40多个教学班，初、高中近2000名学生，其中高中部有12个班。我来后不久便听说只有能力强、表现出色的教师才能被选聘到高中部，很多教师都以能在高中部任教为荣。

与我同时被分到这所学校的新教师共有13个人，其他人毕业于省内名不见经传的大学，有的还是专科生，只有我毕业于名牌重点学校。新学期第一次全校教职工大会上，校长郑重地向大家介绍了我们这批新人，我是第一个被介绍的。校长随后说这些新老师中，大多数人将被安排在初中代课，少数人安排在高中部。当时我想，我肯定是属于那少数人中的一个。

但结果却完全出于我的意料，那少数人中没有我，我被安排教初一政治。我实在想不通自己输在哪里，原有的优越感荡然无存，颇为颓丧。还是一个知情的老教师告诉了我："你那所学校的牌子在咱们学校已经倒了。在你来之前先后分来两个你们学校的毕业生。你的第一个校友来时，校长宝贝得不得了。他一来就被安排在高三教课。可是不久他教的学生就联名上书校长，说他讲课实在糟糕，误人子弟，强烈要求学校为他们换老师。但无论将他放在哪个年级讲课，学生的意见都很大。现在只能安排他做后勤职工；你的第二个校友刚来时校长也是比较看重他的，让他教高中一年级。可他干了还不到半个学期，就不辞而别，到南方闯荡去了。校长从这两个人身上得出结论：你们那所师范学校的毕业生不能用。现在学校能接收你，并安排在初一代课已经不错了。

老教师的话使我的心情一下子沉重起来。原来我为之骄傲的母校因我的两个校友，已经被这所学校贴上了"不能用"的标签。在我来报到前，校长就已经对我抱有成见了。

但自信的我没有听任自己消沉下去，我不断地做自己的思想工作，心态渐渐平静了下来。我知道，误解、不公已成既定事实，如果我一味抱怨、颓废、破罐破摔，受伤害的只能是自己。我当然不能害自己，聪明人不干糊涂事，从此我安安分分地待在初一组，踏踏实实地苦干。我下决心靠自己的实力立足，通过我的出色表现重树母校的形象。

我废寝忘食地投入到了教学工作中。每一堂课，我都花费大量的时间查找资料，精心撰写教案，并偷偷在宿舍里反复模拟试讲，直到将各个环节烂熟于心。我还注意平时多与学生们沟通，虚心听取他们的意见，及时改进自己的教学，力争使自己的课生动、精彩、富有新意。枯燥无味的政治课很快成为学生们的最爱，他们对我的课表现出极大的热情。在学校进行的师德问卷调查中，在"你最喜欢的老师"一栏中，很多学生投了我的赞成票。

在完成好自己教学任务的同时，我撰写的教改论文在校刊发表并在教育处论文大赛中获得二等奖；我和另外两名老师一起代表学校参加全局教育系统知识竞赛，为学校赢得团体总分第一名的成绩；与此同时，我还在省内外的一些报刊上发表了为数不少的散文、随笔，既提高了自己的教学水平，又提高了在学校的知名度。

渐渐的，我得到了大家的认同。我的教研组长说："我还没有见到过像你这样认真投入的人。事情交给你做，我绝对放心。"也常常有人用赞赏的语气问我："你是哪个大学毕业的，这么能干？"每当这时，我就格外自豪地说出母校的名字。当他们说果然名不虚传时，我的心里感到特别的甜。一年后，我被正式安排到高中部任教。校长一脸慈祥地看着我说："好好干，你能行。"

涉世之初的这段经历时时提醒我：人必须靠自己的实力和努力去证明自己，只有辛辛苦苦地付出，才能获得丰厚的回报。

（车广秀）

人生寓言两则

一、幸福的种子

有两个追求幸福的穷苦青年，经过艰难的跋涉，终于在一个很远的地方，找到了幸福的使者。使者见他们都有一颗善良的心，便给他们每人一颗幸福的种子。

青年甲回去后，将种子撒在了自己的土地里，不久他的土地里就长出了一颗果树苗。他每天辛勤地浇灌，第二年枝繁叶茂，果实挂满枝头。青年甲继续努力，渐渐地拥有了大片的果园，成了远近闻名的富足之人。他娶了妻子，有了儿子，过上了幸福生活。

青年乙回去后则设立了一个神坛，将幸福的种子供在那上面，每天虔诚地祈祷。青年乙把头发都熬白了，却仍是个一贫如洗的人。他十分生气和不解，又跋山涉水来到幸福使者面前，抱怨使者骗了他。幸福的使者笑而不答，只是让青年乙到青年甲那里去看看。

青年乙到青年甲那里一看顿时醒悟，他急忙回去将那颗种子埋到土地里。但幸福的种子早已被虫子蚀空，失去了生育能力。

二、海边的贝壳

一位长者告诉一位渴望财富的青年，北海岸边有金贝壳。于是这个青年就不远万里，来到了北海岸边的海滩上，不顾一切开始了寻找金贝壳的工作。

起初他耐心地拣拾起每一枚贝壳仔细端详，确定不是金贝壳后才把它扔掉。北海岸边寒冷袭人，青年拣拾起的每一枚贝壳都是冰凉冰凉的。天气的寒冷，事情的单调，长时间寻金贝壳不着，使青年渐渐地失去了耐心。渐渐的，他只是感觉一下，就将贝壳扔掉了。一天、两天，一个月、两个月，一年、两年……无数枚贝壳被青年拣起又扔掉，但始终没有找到老者所说的金贝壳。青年很颓丧，觉得自己已不可能找到金贝壳了。

但青年很执着很勤奋，一直不停地忙碌着。终于有一天，一枚金贝壳被他捡拾在了手中。但无数次的失败使青年无形中形成了思维定式，他只是感觉了一下那枚贝壳，看都没看一眼，那个想法就又冒了出来：不可能，拣起来那么多都不是金贝壳，这枚怎会就那么天遂人愿呢。青年就这样把金贝壳随手扔掉了。

后来青年又捡到了一枚金贝壳，又被他扔掉了。后来他老了，无奈地回到了家乡。他告诉年轻人，北海岸边有金贝壳，那年轻人就兴冲冲地去了。

（舒雅）

坚　持

　　一位哲人说：人生是一场战斗。人活在世上，"好的开始是成功的一半"，但要获取成功，贵在坚持到底。"行百里者半九十"，如果不坚持到终点，就会失去差不多全部的意义。无怪乎在麦当劳总部的办公室里，悬挂着麦当劳奇迹的创造者雷·克罗克的座右铭——坚持。

　　在人生的战斗中，总是与坎坷相伴，追求也常有痛苦相随。生活中的弱者，面对困难和挫折，犹豫了，害怕了，"认命"了，往往在紧要关头败下阵来、强者的行为不同，他们认定一个目标，义无反顾，追求比心更高的山，所以，他们能够不断臻于新的人生境界，欣赏到新的人生风景。

　　坚持意味着忍耐。人的一生充满着大大小小的障碍，逆境也好，顺境也好，人生就是一场与种种困难的斗争，一场无尽无休的拉锯战。曹雪芹著《红楼梦》花的功夫是"披阅十载，增删五次"，字字看来皆是血，十年辛苦不寻常。人们对奥运功臣由衷地肃然起敬，可又谁知，王军霞跑过的距离等于绕地球两周。巴尔扎克说过："人类所有的力量，只是耐心加上时间的混合。所谓强者，是既有意志，又能等待时机。"

坚持是一种自信，更是一种勇气。没有自信的人不愿坚持，没有勇气的人不敢坚持。雄鹰张开翅膀，才可以在蓝天翱翔；船儿扬起风帆，方能够破浪远航。坚持是一种积极向上的生活态度，是获得成功的一种方式。比如，对爱情的坚持，你就会拥有忠贞不渝、相濡以沫的温情暖意；对青春的坚持，你就会拥有海阔天空、勃勃生机的不老童心；对事业的坚持，你就会拥有柳暗花明又一村的喜悦与快乐。

坚持是一种品质，需要我们去培养、在强大的世俗力量面前我们太需要有一种坚持的品质。生活中，沉湎酒色者被酒色所戕，贪图金钱者为金钱所困，迷恋权势者因权势而倾。而坚持的可贵之处就是握瑾怀玉，守正不阿，不失最初的执着，不见异思迁；坚持就是不为名缠，不为利扰，不为物役，少一份俗虑尘怀，多一点对自身心灵的观照，坚持，看似无形却有形，它壮你胆识，增你韧性，助你成功。

在搏击人生的征途中，坚持，是为了一种理念，一腔豪情，一番作为。坚持，是一个人意志的展现，是生命光环迸射出的亮色。

（王达远）

屋顶上的月光

　　有一位少年，童年时期就失去了双亲，而唯一相依为命的哥哥也只能靠辛勤的演奏来赚取生活费，家境贫寒，生活很是艰苦，然而这一切阻挡不了他对音乐的热爱和渴望。他准备去距家400公里外的汉堡拜师学艺。当时交通不便，经济又拮据，于是哥哥劝他说："在家里学吧，我来教你。"少年摇摇头，坚定地说："就是走，我也要走到汉堡。"

　　他一路风尘仆仆，饿了啃干粮，渴了喝泉水，累了在农家的草垛旁或是马厩里歇一晚，历尽千辛万苦地走到了汉堡。长途跋涉，使他的脚上磨起了无数水泡，人也变得又黑又瘦，但是他的信心却有增无减。

　　困难接踵而来。虽然来到了汉堡，音乐教师的收费却很昂贵，使囊中羞涩的他力难胜支，剩下的钱居然不够一星期的学费。他不愿就此放弃，跑遍了几乎所有的音乐课堂住址，忍受着嘲笑与讥讽，终于得到一位老师的认可，做了他的学生。

　　老师发现了他的天分，建议他去撒勒求学，那里才能给他真正系统的音乐训练。于是他再次踏上旅途，忍饥挨饿地走到撒勒。经过苦苦哀求，一位校长终于允许少年在音乐学校旁听。他欣喜若狂，以加倍的热情投入学习，天赋与勤奋使他很快脱颖而出。

少年渐渐不能满足于手头简单的几套练习曲，渴望得到更多的更精深的曲谱来练习。他知道哥哥保存着很多著名的作曲家的曲谱，回乡后向哥哥提出了请求。为生活四处奔波的哥哥对弟弟的音乐功底并不了解，他语重心长地说："这些曲子我演奏了十几年还觉得吃力，你不要以为出去学了几天就了不起了，还是好好弹你的练习曲吧！何况，那么珍贵的曲谱，你弄坏了怎么办？"哥哥板着脸离开了，他却没有因此死心。

哥哥每到晚上都要出去演奏补贴家用，这时他就偷出哥哥珍藏的曲谱，用白纸一个音符一个音符地抄下来。因为家里很穷，点灯都是奢侈的事情，月朗星稀的晚上，他就爬到屋顶上，在明亮温柔的月光下抄写曲谱。曲谱的美妙使他沉醉其中，被困窘折磨的灵魂此时似乎插上了翅膀，在月光中任意翱翔。

半年过去了，他抄写了厚厚一大叠曲谱，即将"大功告成"。那天，他边抄写一支优美哀怨的管风琴曲，边琢磨曲子的意境，竟忘了哥哥回来的时间。当哥哥发现弟弟欺瞒自己，偷了曲谱来抄，气怒交加，竟把他珍藏的抄本一页页撕得粉碎。

又一个夜晚，哥哥疲倦地归来。临近家门，他听到一支优美而哀婉的旋律，那是弟弟最后抄的那支管风琴曲的变奏。音乐在夜色中飘荡回旋，他不知不觉也被感染了，深为其悲。音乐如泣如诉，有身世坎坷的感叹，有遭遇挫折的伤悲，更有对美好理想的追求、对光明的无限渴望。哥哥站在月光下倾听着，眼泪潸然而下。他终于相信，弟弟足以有天分演奏好任何一支曲子。他走进屋，含着泪水轻轻搂住了弟弟，决定从此全力支持弟弟在音乐上继续深造。

少年终于一偿夙愿，美梦成真——他就是近代奏鸣曲的奠基者巴赫。

有人曾经问他，是什么支持着你走过那么艰苦的岁月？他笑着说："是屋顶上的月光。"

"屋顶上的月光"——他将所有的挫折都包含在一句简单而美丽的句子里。这不仅意味着他灵魂深处对音乐的热爱，而且充满感人至深的力量。有时候，照亮我们的理想并照亮我们的心灵，真的只需要那微弱的屋顶上的月光，就如同当初它同样照亮了巴赫的理想，使他漠视所有的困苦和劳累，而最终达到自己的音乐天堂一样。

（陈敏）

大图标 小图标

我有一位从事写作的朋友，才二十多岁，就在去年和今年连着出了两本书，并且每月都有数量惊人的文章在各种报刊上面世。我问她是怎样保持这种高产量的？这样写作是否很苦很累？她笑着说，其实没什么，写作是我喜爱的一种劳动，也是我为自己选定的一种生活和工作方式。我像工人做工农民种地一样，拟定出一个计划：一年写多少，一月写多少，每天又写多少。但最重要的不是远的而是近的，是每天要完成的工作。比如我给自己规定每天最少写1000字，这是底线，不能再少了。每天1000字完成了，每月就有了3万字，每年是36万字。这36万字起码可以发表出去20万吧，并且总有一半，也就是18万字是自己满意别人也能接受的，这便是一本书了……至于说苦和累，由于是每天只做一点点，就像学生写作业女人化妆一样，习惯成自然了，也就不会有这种感觉。只是要用每天最好的时间来做这件事……

这位已小有名气的女作家轻轻松松地笑谈着，让人觉得写作是一件小小的游戏，是可以轻轻松松去做的。由此我想到了另一位作家——台湾的林清玄先生。他在一篇文章中介绍自己的写作情况时，称自己曾有写日记的习惯，后来他将写日记改成了写文章，也就是像写日记那样，将一天生活中做事读书的所思所得提炼成一篇文章，不拘长短，但每天必须不间断地写。所以林先生在还很年轻的时候，就已经著作等身、名满天下了。

古人说：千里之行，始于足下。就像一个登山运动员，他只有站在远处时才能看清自己要征服的整体目标，而在具体攀登的过程中，他只能面对每一块石头，小心脚下的每一个支撑点。

其实，一个人的事业或成功，就是在选定了一个目标之后，又知道自己每天做什么和怎么做。也就是说，大目标的实现是由许多小目标的实现来作保证的。

（南北）

迷恋细节

　　那天我去拜访一位画家，她正在画一幅油画，两个高颧骨、厚嘴唇的中国女人，一个是百姓，另一个是军人，衣衫褴褛，神情悲壮，茫然望着天低云急的前路。这幅画在画室挂了好久。她老说"还差一点儿"。有一天，她的丈夫来到画前，语气很冲地指责它的不是。画家恼了，和他吵了一通。他给气跑了。第二天丈夫消了气，买一束玫瑰花来画室赔罪。看着火红的玫瑰，画家灵机一动，走到画幅前，在两个女人的前襟，各添上一朵玫瑰。血似的玫瑰，在色调和氛围冷峻酷烈的画面中如此突兀、神奇！蕴藏在画内的情感，在花朵所制造的缺口中喷涌而出。画家以最后的细节征服了自己，征服了艺术。

　　我觉得，对细节的经营，使人生趋于密实。对生活、爱情和婚姻而言，关键在于细节。青年时期，以热血浸泡出来的理想，"抟扶摇而上者几万里"，高远诚然高远，却和脚下的大地没有多少关联，生命成了气球，充满空言，飘浮在半空。中年以后，人生规划已然成形，除非出现变故，问题不在"往哪里走"，而在"如何走好"。

如何走好？答案是：让细节填满人生。在家庭、职业、社交、趣味、信仰等方面都已大体固定的岁月，生命的质量系于细节。大凡活得津津有味的人，都是痴迷于细节的智者和行动者。一个主妇，她从早到晚忙个不停，切得像线般的葱丝，花八个小时炖出来的甲鱼汤，熨得笔直的裤线，纤尘不染的客厅，闪闪发亮的灯台，这些细节能体现出她内心的美好和周到，展示出她的优雅与风度。无论你做什么事，从一个细节上，都能看出心智是否健全，能反映出你对生活的认真和尊重。

为人处世也需要细节，有很多细节决定成败的例子。一位香港导演邀请某位明星到他那里拍戏，这位明星犹豫不决。一天，他无意间发现这位香港导演的一个细节：他们在拍一组武打镜头，万事俱备，演员们即将开始表演，导演却走过去，在演员的位置左看看右瞧瞧，还做出一些有力的武打动作，在试完一些道具后，他才命令大家各就各位。旁边的一位工作人员告诉明星，导演在拍戏时总喜欢这样将自己当成演员，在演员的位置站一站，甚至像演员那样亲自试一试；导演常说："演员能到的地方，导演必须先到。这样我才知道哪里安全，哪里不安全。"

导而先演，对演员如此关心的导演真是少见！这位明星从这个细节里知道自己的担忧是多余的，他默默地离开拍戏的现场，决定接拍这位导演的下一部戏。

密斯·凡·德罗是20世纪4位最伟大的建筑师之一，在被要求用一句最概括的话来描述他成功的原因时，他只说了五个字"魔鬼在细节"。他反复强调的是，不管你的建筑设计方案如何恢宏大气，如果对细节的把握不到位，就不能称为一件好作品。细节的准确、生动可以成就一件伟大的作品，细节的疏忽会毁坏一个宏伟的规划。

我是一个迷恋细节的人，我想，对大多数人来说，在细节上表现的习惯，全赖于我们的性格和平时的养成。有一句话叫"性格即命运"，而性格多少地会表现在许多不经意的细节上。注意细节，其实应该把工夫用在平时，不断完善我们的性格，养成良好的学习习惯，关键的时候才能水到渠成地"本色"流露，而不至于手足无措，甚至抱憾终生。

（刘荒田）

一百份歌词

1997年，方文山还只是一个充满热情的业余写词爱好者，没有任何人际关系可以帮助他接触到光鲜的台北娱乐圈，所以他的创作只停留在自我欣赏的层面，并不为人熟知，更不用说流传了。他如果想要进入这个圈子，只能靠自己想办法。于是，他精心挑选了自己创作的一些歌词作品，打印了一百份，把它们辑录成册，然后寄往台北各大唱片公司，以期待有伯乐能够发现自己这匹千里马。

当有人问他为什么要打印整整一百份时，他说："因为我知道歌手和制作人都很忙，我就寄给歌手的宣传员和制作人的助理，还有唱片公司的总机。于是我就寄一百份，我想会有大概五十份被总机小姐自作聪明挡下来，因为她们会认为这是垃圾邮件。制作人的助理和宣传员也不一定会交给歌手和制作人，他们会以为我是一个想急于出名的人。我想最后大概只有四分之一会送到歌手和制作人的手里，歌手和制作人拿到之后也不一定会看，看了也不一定会认真看完，再分别除以二，我归纳出最后大概会有六个人会认真地把我的作品看完，会有点兴趣，然后再除以二，最后大概只有两三个人会抽空打电话找到我……"

功夫不负有心人。果然，歌词寄出近两个月之后，就有一个人打电话找到了他。这个人就是——吴宗宪。之后，他获得了和周杰伦一起签订词曲经纪合约的机会，终于一步步实现了成为专业歌词创作者的夙愿。

生活中经常有人抱怨机会总是降临在别人身上，而自己总是茫茫人海中那个倒霉的失意者。可是你有没有像方文山一样，在机会面前做一百份准备，从而创造一百个机会，在一百个机会中去争取抓住一次实实在在的机会呢？

（何君华）

张三丰开悟

　　一个小和尚常被师兄弟们欺负，终于有一天，他与师兄弟们大闹了一场，结果被师父赶出了少林寺。小和尚无法理解师兄弟们为什么老是欺负他，更无法理解为什么师父总是偏袒着那些师兄弟。小和尚来到一条小河边，一位仙风道骨的老者坐在河边。

　　小和尚走过去问："您为什么坐在这里？"

　　老者说："我无法过河！"

　　小和尚说："这条河不深，很容易过去呀！"

　　老者说："河虽然不深，但是水里的石头做错事了！"

　　小和尚不解地问："石头也会做事？它们做错了什么事？"

　　老者说："石头上长满了青苔，我一踩上去就会滑倒，所以我过不了河。它们不应该长出那么多青苔的！"

　　小和尚走到水边看了看，那些石头果然非常滑，他转身说："老人家何必怪石头做错了事，只要我们在脚板上捆一些枯草，那样踩在石头上就不会滑了！"

　　老者闻言大悦，抓了枯草捆在脚上，轻松地过了河。

过了河后，老者轻轻叹了一口气说："我已经在这里坐了三个时辰了，之前我一直怨恨那些石头做错了事，看来我这种只责怪石头，而自己却不想办法过河的做法本身就是一种错误！"

小和尚听后，彻悟。他放开了心结，致力于武学，几十年后，开创了名垂千古的武当派。没错，那小和尚就是武当派的创始人：张三丰。

（亦权）

静默而奔放

在冬日茫茫无边的呼伦贝尔雪原上，看到的动物总是比人要多。

有时候是一群低头吃草的马，努力地从厚厚的积雪中寻找着干枯的草茎，它们的身影，从远远的公路上看过去，犹如天地间小小的蚂蚁，黑色的、沉默无声的，又带着一种知天命般的不迫与从容。有时候是一群奶牛，跟着它们时刻蹭过来想要吮吸奶汁的孩子，慢慢地踏雪而行，偶尔会看一眼路上驶过的陌生的车辆，但大多数的时间里，它们都是自我的，不知晓在想些什么，却懂得它们的思绪，永远都只在这一片草原，再远一些的生活与生命无关宏旨。

在一小片一小片散落定居的牧民阔大的庭院里，还会看到一些大狗，它们有壮硕的身体，尖利的牙齿，眼睛机警而且忠贞，会在你还未走近的时候，就用穿透整个雪原的浑厚苍凉的声音，告诉房内喝酒的主人，迎接远方来的客人，有时候它们会跑出庭院，站在可以看到人来的大路上，就像一个忧伤的诗人，站在可以看得见风景的窗口，那里是心灵以外的世界，除了自己，无人可以懂得。在这片冬日人烟稀少没有游客的雪原上，是这些毛发茂盛的大狗，用倔强孤傲的身影，点缀着银白冰冻的世界。

也会看到出没于《聊斋》中的娇小的狐狸，它们优雅地穿越被大雪覆盖的铁轨，犹如蒲松龄笔下的女狐，灵巧地越过断壁残垣，去寻那深夜苦读的书生，它们是银白的雪原上，火红跃动的一颗心脏，生命在奔走间，如地上踏下的爪痕，看得到清晰的纹路。假若无人惊扰，这片雪原，便是它们静谧的家园，不管世界如何沧桑变幻，它们依然是世间最唯美最痴情的红狐。

远离小镇的嘎查里来的牧民，在汽车无法行驶的雪天里，会骑了骆驼来苏木置办年货。那些骆驼承载着重负，在雪地里慢慢前行的时候，总感觉时日长久，遥遥无期。钟表上的时刻，不过是机械的一个数字，单调而且乏味，只有声声悠远的驼铃，和骆驼脚下吱嘎吱嘎的雪声，以及牧人的歌唱，一点点撞击着这长空皓月。

麻雀在零下三十多度的天气里，依然飞出巢穴，在牧民寂静的庭院里找寻吃食。冬日的雪地上，连硕大的牛粪都被掩盖起来，更不必说从未生长过的麦子和玉米，但麻雀们却可以寻到夏日里牧民打草归来时落下的草籽，或者晾晒奶干奶皮时抖落的碎屑。也有奶牛和绵羊们吃剩的残羹冷炙，它们不挑不拣，雀跃在其间，自得其乐。

但最能在冬日的雪原上顶天立地的动物，还是与牧民的生活亲密无间的奶牛们，它们在白日里走出居所，在附近洒满阳光的河岸上，顺着牧民砸开的厚厚的冰洞，探下头去，汲取河中温热的冰水；有时候它们会在小镇的公路上游走，犹如乡间想要离家出走却又徘徊不定的孩子。小路上总是堆满了牛粪，在严寒里上了冻，犹如坚硬的石头，常有苍老的妇人，挎着篮子，弯腰捡拾着这些不属于任何人家的牛粪，拿回家去，取暖烧炕。而奶牛们并不理睬这些被牧民们捡回去堆成小山的粪便，摇着尾巴，照例穿梭游走在雪原和小镇之间，要等到晚间乳房又饱胀着乳汁的时候，它们才慢慢踱回庭院里去，等待女人们亮起灯来，帮它们减掉身体的负担。

　　一个人行走在苍茫的雪原上的时候，看到这样静默而又自由奔放的生命，心内的孤单常常会瞬间消泯，似乎灵魂有天地包容着，便可以与这些生命一样独立而且放任，饱满而又丰盈，哪怕狂风暴雪，都不必再怕。

　　所有的生命，在天地间，不过是沧海一粟，人比之于这些雪原上风寒中傲立的生命，并不会高贵，或者有丝毫优越。

（安宁）

请给我一次失败的机会

今年3月28日，吉利集团在瑞典哥德堡与美国福特汽车公司签署股权收购协议，最终获得了沃尔沃轿车公司100%的股权。这一事件，被国内外许多媒体戏称为"蛇吞象"，但很少有人再嘲笑吉利集团和有"疯子"之称的李书福会消化不良。相反，人们对中国民营汽车公司收购世界知名汽车公司的做法，给予更多的赞许。

因为，从1998年生产出第一辆"吉利豪情"，到2002年产销量仅有2.4万辆，到2009年突破23万辆，吉利集团和李书福正用辉煌的业绩向人们证明，他们不仅能走好，而且会走得更好。而他能成功，正如他说的一样："请给我一次失败的机会。"

（仲达明）

自信的萤火

　　电视剧《三国演义》第32集：曹操与文武重臣商议南征，徐庶对夏侯惇说："今刘备有诸葛亮相辅，如虎添翼。大都督，怎可轻敌。"曹操听之，疑惑地问徐庶："诸葛亮何人也？"徐庶答："亮字孔明，号卧龙先生。有通晓天文地理之才、出神入化之计，不可小看啊。"曹操思量一下，问徐庶："孔明的才能与你相比，怎样？"徐庶答："我同他比，好似拿萤火比月亮。"

　　年轻的时候读到此段，对诸葛亮的才情佩服得五体投地，仰慕至极；近日思想发生了不小的变化，在赞叹诸葛亮足智多谋之余，对徐庶实话实说的行为感受颇深。想徐庶，竟敢在他的"主子"面前，当众承认自己不但甘拜下风，而且相去甚远，足见其高贵诚实的品德。

　　世人都急不可待地争当"月亮"，最次也得是"星星"，谁还愿为"萤火"？更别提在掌握着自己前途和命运的上司面前，哪个不是才一分，说有十分；有十分的，能脸都不红地说自己百分，舍我其谁？不管是月亮还是星星，统统"凸透镜"伺候，个个都有缺点，哪个都有软肋。"有麝自然香"已变成了惹人发嚷的"天方夜谭"，"无麝放假香"才是"处世真理"。

（曾必荣）

当自己的伯乐

　　如果成功者是千里马的话，那根要自己跑快一点儿的鞭子，百分之九十九是握在自己手中的，方向也是自己操纵的。

　　不久前，曾获得世界冠军的大陆羽毛球选手熊国宝去台湾访问。记者照惯例问他："你能赢得世界冠军，最感谢哪个教练的栽培？"

　　木讷的他想了想，坦诚地说："如果真要感谢的话，我最该感谢的是自己的栽培。就是因为没有人看好我，我才有今天。"

　　原来他入选国家代表队时，只是个绿叶的角色，虽然球已打得不错，但从来没有被视为能为国争光的人选。他沉默寡言，年纪又比最出色的选手大了些，没有一点儿运动明星的样子，教练选了他，并不是要栽培他，只是要他陪着明星选手练球。

不要埋没自己的天才

　　有许多年，他每天打球的时间都比别人长很多，因为他是好些队友的最佳练球对象。拍子线断了就换上一条线，鞋子破了就补一块橡胶，球衣破了就补块布，零下十几度的冬天，他依然早上五点去晨跑练体力。

有一年他垫档入选参加世界大赛时，第一场就遇到最强劲的队手，大家都当他是去当"牺牲打"的，没有人在意他会不会打赢。没想到他竟然势如破竹地一路赢了下去，甚至赢了教练心中最有希望夺冠的队友（他实在太清楚大家的球路了），得到了世界冠军，一战成名。

没有伯乐，他一样证明自己是千里马。

他的故事令我感动。

我们当学生的时候都念过一篇有关千里马的文章，大意是这样的：有伯乐，才会有千里马，如果没有伯乐的话，本来资质很好的千里马，可能沦为每天做苦工、在马厩里吃劣草、病死了也没人知道它是飞毛腿的马。

也许大家都因而相信，一定要有伯乐出现，看出自己的潜能，并且尽力栽培，自己的天赋才能够发扬光大。

于是有很多人自认为是怀才不遇的千里马，一直埋怨时运不济，为什么伯乐不出现，害自己埋没了天才。

启动自己奔驰的能量

其实，千里马和伯乐的关系暗喻的是臣子与君主的关系，在现代的成功学上未必适用。人也跟马大不相同，马无法自己找主人，而多数的成功者却都能以一种天生的嗅觉，好像蚂蚁闻到甜食的味道一样，自己走出一条无形的路来。

直到他们成功之后，有人要他们说出他感谢的人，他才回顾来时路，把对自己有恩的都记在心上，时时挂在嘴边。

仔细检视起来，每位伯乐所扮演的都不是"一路扶持、始终相依"的角色，多半只是一个使他走向某一条路的启蒙者、一位曾经鼓励过他的恩师、一个精神支柱，甚至是一个曾经打击过他、说过重话的人。他或许陪过成功者一段，但终须放手，最重要的障碍还是要由成功者自己跨越。

没有任何一个成功者是需要诸葛亮费尽心力来扶持的阿斗。

成功的人其实都是自己的伯乐，只是不敢完全归功于自己。

千里马一样要练跑，才能日行千里。如果成功者是千里马的话，那根要自己跑快一点儿的鞭子，百分之九十九是握在自己手中的，方向也是自己操纵的。

奔驰的能量，则来自心中源源不绝的热爱。

（吴淡如）

"谢谢"你曾嘲笑我

英国哲学家托马斯·布朗说：当你嘲笑别人的缺陷时，却不知道这些缺陷也在你内心嘲笑着你自己。诚哉斯言！让我们留意一下就会发现，那些喜欢嘲笑别人的人，往往一辈子毫无建树；而那些被嘲笑之人，却往往以顽强的生命力在痛苦的泥淖里开出了夺目的人生之花。

影响全球华人的国学大师、耶鲁大学博士、台湾大学哲学系教授傅佩荣先生，在教学研究、写作、演讲、翻译等方面都做出了卓越的成就。他的"哲学与人生"课在台湾大学开设17年以来，每次都是座无虚席。2009年，他受央视邀请，在《百家讲坛》主讲《孟子的智慧》，得到众多学者、大师的广泛认同。然而，就是这样一位成就卓著的学者和演讲家，却曾饱受嘲弄与歧视。

小学时的傅佩荣有些调皮，常学别人口吃，却不料这个恶作剧导致了他自己不能流畅地表达。九年的时间，傅佩荣的口吃常常被人视为笑柄，这给他带来了极大的心理压力。虽然他经多年的努力终于克服了口吃，并成为众人敬仰的演说家，但是这段被人嘲笑的经历还是在他的人生中留下了难以泯灭的记忆。

一次，傅佩荣去赴一个访谈之约。那日，炎阳如火，但他仍坚持穿笔挺的西服接受访谈。因场地未设麦克风，他就大声说话，甚至有些喊的意味。到后来，他的嗓子都哑了。众人深受感动，无不赞美傅佩荣为人谦逊，没有名人的架子。傅佩荣说：曾经口吃的痛苦经历令我对自己提出了两点要求：一、我终生都不会嘲笑别人。因为我被人嘲笑过，知道被嘲笑的滋味，这使我自身没有优越感。二、我非常珍惜每一次说话的机会。因为我曾经不能流畅地说话，所以现在当有机会表达时，我会非常珍惜。

同样因为口吃受尽了嘲弄与讥讽的拜登，不仅被别人起了很多难堪的外号，而且还被老师拒绝参加学校早晨的自我介绍活动。他难过得落泪，觉得自己就像被戴了高帽子站在墙角受罚一样。悲痛往往催生动力，拜登决心一定要摘除这个命运强加给他的"紧箍咒"。他以极大的毅力坚持每天对着镜子朗诵大段大段的文章。经过多年的努力，他不但成功摘除了这个"紧箍咒"，而且也为他日后成为一名优秀的演说家和领导者奠定了坚实的口才基础。

被人嘲笑是痛苦的，那些刺耳的嘲笑、无情的眼神，是一把把尖利的刀，深深刺进你的心。面对这把刀，傅佩荣和拜登都选择了奋起，"没有任何人规定我只能有这样的际遇，既然这样，那我为什么不改变它呢？"而这些嘲笑、讥讽甚至侮辱，其实都无须拔出，就让它们插在你的心上，然后忍住痛，跋涉！当你跋涉到一个高度的时候，你的热血就会变成一股烈焰，熔化那把尖刀。而那些曾经嘲笑你的人，早已渺小得挤不进你的视野，甚至匍匐在你的视野之下。

（嘉芮）

每人头上一方天

　　侏儒症让吴小莉的身高停在了 1.12 米。小的时候，吴小莉并没有觉得自己长得袖珍有什么不好，卖菜的把她放到盘秤上秤，她还一边配合，一边哈哈大笑。直到慢慢长大，她才发觉别人看自己的眼神和看身边的人不一样，那是一种嘲讽。去读小学，却没有一所学校愿意收下吴小莉。最后，母亲跪在校长室求校长，才勉强让吴小莉读完小学。

　　读中学，又是母亲挺身而出，吴小莉才有了读初中的机会。可到了高中，却再也没有这样的机会。母亲对吴小莉说，你也大了，我也老了，再也没有力气去跪在校长室求人收下你，何况就算这一次跪求成了，还有大学，到时我又去求谁？你还是去找事做吧。

　　吴小莉听从了母亲的话，开始到工厂去找事做。可面对身高只有 1.12 米的吴小莉，工厂的老板无一例外地都拒绝了她。

　　世界真的不属于吴小莉，她想要的容身之地，找了几个月也没有找到。吴小莉彻底崩溃了，她看不到自己生存下去的意义，她躺倒在床铺上，开始绝食，并且对母亲说，从此之后，你不用管我了。

吴小莉的母亲想不出一点办法，只好给吴小莉的小姨打电话，让小姨过来劝劝她，因为从小到大吴小莉最听小姨的话了。

谁知道，小姨脚还没有跨进门，就朝吴小莉的母亲大喊："姐，她不是要绝食自杀吗？你就让她去死，这样没有勇气、没有责任心的人，你留着她做什么？"听到小姨这样说自己，躺在床铺上的吴小莉大哭起来，一边哭还一边喊："是我没有责任心吗？是这个社会不给我希望，不给我生路！"小姨火了，从床铺一把抓起吴小莉，把她往门外一放，指着头顶上的天，对她喊道："吴小莉，你看清楚了，我们每一个人头顶上的天空都是一样的，它才不管你是高是矮、是穷是富，它永远都是一样的！"

吴小莉呆住了，是啊，每个人都是一样的。心中的梦想，头顶的天空，不会因为人的穷富、高矮就会有所区别。吴小莉不再绝食，她要重新振作起来。最后在好心人的帮助下，一家工厂给了吴小莉机会，让她每天给钢管除锈、上漆。在工厂的日子里，为了感谢工友们对自己的帮助，吴小莉就用歌声来感谢工友。渐渐地，许多人都知道工厂有个唱歌很好听的袖珍女孩。

这时候上海正在举办吉尼斯擂台大赛，许多工友劝吴小莉去打擂。后来，凭着在上海擂台上的一曲《天涯歌女》，吴小莉成了中国第一袖珍女歌手。

从此，吴小莉的人生开始发生翻天覆地的变化，她先是出演了以自己的事迹改编的电影《一样的人生》，然后，又在北京成立吴小莉爱心工作室，在网上创办"中国袖珍人联谊会"，成立中国第一家袖珍皮影戏团，并自任团长。

现在，越来越多的袖珍人加入北京"龙在天袖珍皮影戏团"，成为里面的一员，这正是吴小莉所希望的。因为她希望所有的袖珍人都像她一样，能够拥有自信、拥有事业，因为每一个人头顶上的天空都是一样的。

（刘述涛）

幸福排在成功前面

什么是幸福?

苹果公司总裁乔布斯身价数百亿美元,但一直以自私、吝啬和坏脾气闻名,他的公司员工甚至对他极端厌恶而没有人愿意和他同乘一部电梯。他这样的人生或许可以称得上事业成功,却远远谈不上幸福。

洛克菲勒是美国历史上首位亿万富翁。在他57岁时,患了一场奇怪的重病,全身毛发脱落,他的模样一下子老了近二十岁。没有医生可以诊断出他的病具体该如何医治,医生只是给了他两条建议:一是停止工作,二是保持快乐。然而以赚钱为最大乐趣的他,在停止工作之后,很难再找到快乐。

一天,他在湖边遇到了一个快乐玩耍的男孩,看到男孩无忧无虑的样子,洛克菲勒好生羡慕。他对男孩说,如果可以,我愿意用我的全部财富换取你的快乐。男孩说,虽然自己只是个穷学生,却真的很快乐,只是最近有一件事让他很不开心,因为学校马上就倒闭了,以后再也不能和同学一起玩了。洛克菲勒安慰他说,放心吧,一切都会好起来的。当天离开后，洛克菲勒即找来助手安排捐资给这所位于湖边的学校，让它重新恢复正常运转。而那所学校就是后来享誉海内外的著名学府——美国芝加哥大学。

半年后，洛克菲勒意外地收到了那个男孩寄来的感谢信，在信中男孩说如今自己又可以像从前一样在学校里学习、游戏了，这一切都是因为有了洛克菲勒的帮助。所以他和所有的同学都对洛克菲勒的善举表示由衷的敬意和感谢。从助人中找到快乐的洛克菲勒从此开始了他四十年如一日的慈善活动，因此成了美国历史上最著名的慈善家之一。

而在身体状况一直不佳的情况下，他奇迹般地活到98岁，并在安静平和的状态下安然离世。他生前曾经说过：我一直财源滚滚，有如天助，这是因为神知道我会把钱返还给社会的。

给予是健康、幸福生活的唯一奥秘。如果一个人每天醒着的时候把时间全用在挣钱上面，我不知道还有谁能比这样的人更可耻、更可怜。成功的人不一定幸福，但幸福却是另一种意义上的成功。

(暮雨含阳)

每一朵花都不是轻易开放的

　　1977年，范曾身体日渐消瘦，面色苍白，十指无色，行走时眩晕飘忽，骑自行车也经常莫名地摔倒。一日，他去拜访恩师蒋兆和，师母萧琼见状惊呼："你一定有大病在身！"师母萧琼是北京名医萧龙友之女，目力如神。范曾于是到北京医院检查，化验结果——血色素为5.6克，不及常人的一半，属恶性贫血，必须立即住院治疗。后经名医会诊，确诊为结肠息肉，需做手术。

　　这时，范曾想：如果手术效果不佳，则来日无多，命将何堪？总得做一件有意义的事情留于人世啊，但做什么呢？想当年，自己在南开大学、中央美术学院求学时，诸多名师硕儒对"江左小范"寄予厚望，而今尚无成就，真是愧对殷殷期望的诸多前辈了。又想，自己自美院毕业后，刻苦自励，潜心绘画艺术，至少自己的白描在国内国画界尚无出其右者。而自己对鲁迅先生的小说又特别的喜爱，那么，何不画一本《鲁迅小说插图集》呢？

　　于是，他嘱咐医生在给他输血或输水的时候，把针管插到脚上。

再让人把一个小茶几放在病榻之上，他研墨吮毫，凝神屏气，潜心创作。闰土、华老栓、祥林嫂、魏连殳……一个个作品里的人物神灵活现地向我们走来。当时，著名作家严文井先生也因病住院，就在范曾的邻室。他非常喜欢与范曾聊天儿，但每当从窗外看到范曾全神贯注地作画时，他又不忍打扰，他曾对范曾说："平生所见刻苦如此者，唯沈从文与君耳。"

当范曾出院时，一本《鲁迅小说插图集》的白描作品便诞生了。

回首往事，他写道："作画平生万万千，抽筋折骨亦堪怜。"的确，他在20岁的时候，就曾因常年的伏案读书作画，胸骨和脊椎骨变形。大学毕业后，他每天只花3角钱做每日三餐之资，但在艰苦颠蹶之中，从未自暴自弃，在通往艺术珠峰的山路上，坚韧倔强地攀登着，因为他知道——每一朵花都不是轻易开放的！

（刘庆瑞）

寻找年少的蝉蜕

　　年少最喜欢做的事，便是在知了没有蜕皮之前，将它们捉来，放入罐头瓶子里。在夏日夜晚的灯下，悄无声息地看那个瓶中的小虫，静静地趴伏在光滑的玻璃上，开始它一生中最重要的蜕变。

　　这样的蜕变，常常是从它们的脊背开始的，那条长长的缝隙裂开的时候，我几乎能够感觉到它们的外壳与肌肉之间撕扯般的疼痛，它们整个肉身在壳中剧烈地颤抖、挣扎，但却没有声息，我只听得见老式钟表在墙上滴答、滴答。蝉细细长长的腿扒着光滑的瓶壁，努力地，却又无济于事地攀爬。那条脊背上的缝隙，越来越大，蝉犹如一个初生的婴儿，慢慢将新鲜柔嫩的肌肤裸露在寂静的夜里。但我从来都等不及看它如何从透明的壳里脱壳而出。我总是趴在桌上迷迷糊糊地睡去，及至醒来，那只蝉早已通身变成了黑色，且有了能够飞上天空的翼翅。

　　因此，我只有想象那只蝉在微黄的灯下，是如何剥离青涩的壳，为了那个阳光下飞翔的梦想，奋力地挣扎、蠕动、撕扯，应该有分娩一样的阵痛，鲜明地牵引着每一根神经。我还曾经设想，如果某一只蝉像年少的我一样，总是害怕大人会发现自己想要离家出走的秘密，因此惶恐不安地在刚刚走出家门，便自动返回身，那它是否会永远待在漆黑的泥土里，一直到老？

但是这样的担忧，永远都不会成真。每一只蝉，都在地下历经10年的黑暗，爬出地面，攀至高大梧桐或者杨树上的第二天，为了不到3个月的飞翔之梦，便褪去旧衣衫，从容不迫地将束缚身体的外壳，弃置在树干之上。

这样振翅翱翔的代价，如果蝉有思想，它们应该明白，其实称得上昂贵。但是每年的夏天，它们依然前赴后继、义无反顾，就像每一个不想长大的孩子，最终都会被时光催促着，从视线飘忽不定、局促慌乱，到神情淡定自如、从容不迫。而这样的成长，其中所遭遇的疼痛，留下的伤痕，外人永远都不能明白的。

而今我的"90后"的弟弟，历经着我曾经历经的一切惶惑与迷茫。他在一所不入流的职业技术学院，学一门连授课的老师都认为毕业后即会失业的技术。他从乡村进入城市，被周围穿着时尚的同学排斥。他出门，被小偷尾随，抢去了手机，为了可以重新购买一部新的，他省吃俭用，从父母给的生活费里硬挤，却在一个月后，因过分节食而不幸病倒。他在南方那个没有暖气的宿舍里，向我哭诉城市人的冷眼和没有朋友的孤单时，却没有换来我的同情。

其实我一直认定，他在走出家门独自面对那些纷争、喧哗和吵嚷时，自有一种柔韧的力量，可以让他在外人的白眼、嘲讽与打击中，挣脱出来，就像一株柔弱的草，可以穿越冷硬的石块，甚至是坚不可摧的头骨。或许他为了获得一份真情，或者一碗粥饭，而抛弃昔日宝贵的颜面，或许这样之后，依然一无所获，但是这样的代价，犹如蝉蜕，除非他一生都缩在黑暗的壳里，否则，必须要无情地遭遇。

这样的习惯，便是疼痛的蝉蜕。代价，永远都不能逃避。

（安宁）

两块奖牌

最近，一位朋友在我们这个地方出了大名，因为经他训练的运动员，几乎在全市中学生运动会上都拿到了奖项，并且他们还得了团体金牌。要知道，他所在的那个学校只有百来个学生，是典型的一所农村学校。

在总结表彰大会上，领导要他介绍经验，为什么他的学生自始至终都拼劲十足？他笑着说："其实，我的训练方法没有什么特别的地方。如果说有，那就是在平时的训练比赛中，我都要准备两块奖牌：一块奖给获胜的人，希望他戒骄戒躁，再接再厉；还有一块则是专门奖给那些虽然没有获胜，甚至成绩很差，但是决不放弃的人，以帮助他们树立'锲而不舍，金石可镂'的勇气与信念。"

生活中，我们习惯于把鲜花与掌声都献给胜利者，而把失败者冷落一边。而我的这位朋友却独辟蹊径，把鲜花给了最后的胜利者，但同时也把掌声留给了坚持到最后的失败者。结果创造的奇迹是：胜利者更强，失败者更勇！

（曹卫华）

试用期试着勇敢一点

夏季来临了，我终于接到了一家公司的offer。想着找工作的艰辛，我暗下决心：一定要好好表现，安全度过试用期。

到公司的头几天，我所在的设计部经理没有布置具体工作，只是让我熟悉熟悉环境，浏览一下公司的规章制度等。

同事们都很忙，一连几天，经理和大家忙进忙出，似乎忘记了我的存在，偶尔让我帮他们打印一些资料，通知几个会议。这让无所事事的我备感忐忑，连去饮水机接水都小心翼翼，生怕声音大了影响前辈们的工作。时间慢慢地过去，公司的业务也在正常运转，只是我似乎还是不能融入其中。我应该从哪方面着手呢？

公司的讨论会上，看到大家为了一个创意争得面红耳赤，我在旁边听得心痒痒，很想也说几句，但心中却又矛盾：才来没几天，还是收敛一点儿，别让同事们认为我狂妄吧！

在第二次讨论会上，我终于没有忍住，鼓起勇气发表了自己的见解。在同事的注视下，我说得结结巴巴，草草结束了自己的发言。会后，我虽然觉得自己有点莽撞，但看到经理和同事赞赏的目光，我开始庆幸自己的做法：如果我不主动一点儿，真不知道什么时候才能有跟大家学习的机会呢！

在基本熟悉了公司情况之后，我开始以积极的心态面对工作。怎样打电话、接电话，设计的效果怎样才能达到最好，那些有名的广告创意成功之处在哪里，这些我都细心揣摩，虚心向经验丰富的同事请教。

这样过了一个月，我已经可以独立设计了。看着一个个精妙的广告从同事的手中创造出来，我也按捺不住了。在得知公司接到一笔大订单时，我主动向经理请缨，要求给我分配任务。

经理有些为难："这个客户很重要，你刚来没多久，万一……"我明白经理的言下之意，但我更想为自己争取机会，于是我壮着胆子说："经理，您可以先把其中的一个小单子交给我。我很希望自己能够早日赶上其他同事的水平，请相信我！"

经理被信心十足的我说服了。虽然只是一个小小的宣传页设计，但我丝毫不敢大意。翻阅资料，上网搜索，跟同事讨教，终于有了一个基本的思路。三天后，设计小样出来了，我把这凝聚了我辛勤汗水的成果交给了经理。过了几天，经理满面春风地对我说："你的设计客户通过了，以后这个客户的平面设计就由你负责吧！"那一刻，我的兴奋无法用语言形容。

以后的工作中，我和同事的配合越来越默契，工作也有条不紊地进行着。我不再因为自己是个新人而畏首畏尾，相反，我有什么想法就会直接跟他们交流，这反而赢得了同事的喜爱和尊敬。他们说，这个刚毕业的小姑娘能力不错。

三个月过后，我顺利拿到了正式合约。从一开始如履薄冰到现在的如鱼得水，我的经验是：就算你是个新人，也不要被同事的资历所吓倒，更不要被看不见的怯懦心理所征服。适当的时候，要勇于表现自己，发挥所长。

（春子）

赤脚往前冲

　　小时候，他的音乐启蒙来自当时农村的大喇叭。每当早晨大队那个大喇叭播放美妙音乐的时候，他便背起书包，赤脚踩着音乐的节拍，奔跑在上学的小路上。时间一长，他竟然能够唱出跟大喇叭里一样的歌声。

　　放学时，他要穿过一道铁索桥，桥下是浪涛滚滚的岷江，两岸是重峦叠嶂的大山。他一个人站在桥上，放开喉咙歌唱。他的声音刚落，大山便发出了悠悠的回音。他不知道这是不是练声。久而久之，他发现自己的嗓音比以前更亮了，更宽了，气也更顺了。

　　他对自己的音乐天赋全然不知。一次，校园的广播里播放关牧村的《金风吹来的时候》，他便仔细地听。他听了三遍便能唱出来。学校开文艺联欢会，他便以这首《金风吹来的时候》赢得了阵阵掌声。可是，他还是没有走音乐这条道路的想法。因为，他知道，音乐家都是从孩童开始练起的，这些天才很小就有自己的专业老师，很小就开始练习吹拉弹唱，而自己连饭还吃不饱呢！

　　高三的时候，学校有一位音乐老师，刚刚大学毕业，比他仅仅大了三岁。这位老师听了他的歌声，认定他是一位难得的音乐奇才。老师对他说，你的嗓音属于很优秀的男中音类型。在音乐界，优秀的男高音多，优秀的男低音也多，但是，优秀的男中音可是不可多得的。你报考音乐学院一定行。在老师的鼓励下，他开始学习五线谱，开始学习弹琴。经过一年的准备，他带着必胜的信念走进了考场。他报考的是当地一家音乐院校。可是，他落榜了。

在他落榜的那年夏天，他一个人回到了郫县老家，一个人在人迹罕至的深山里，大声地唱。他唱给大山听，唱给鸟儿听，唱给森林听，也唱给自己听。唱累了，唱够了，他便哭。希望破灭了，今后的人生道路该如何走？难道就此在农村与母亲一起种田？或者是出去打工？正在他彷徨的时候，老师找来了。老师还是那句话：你是一位音乐奇才，应该走音乐这条路。老师的话再次点亮了他的心灯。他又回到了学校。经过一年的复习，他再次上了考场。这次，他报考的是全国最古老最有名的上海音乐学院。他的音乐乐理知识很差，甚至没有学习过钢琴。可是，主考官倪成丰先生听了他的演唱，被他的歌声震惊了。这位有着丰富经验的音乐家断定这是一块没有经过雕琢的好玉，一定能成为震惊国际乐坛的人才。他当即决定录取他。

1988年秋季开学，他带着母亲给他的1000元学费和几本翻得残缺不全的音乐书，登上了开往上海的列车。下了车，天正下着大雨。为了不把母亲省吃俭用为他买来的新鞋子弄脏，他把鞋子脱下来，装进背包里，赤着脚，步行前往上海音乐学院。当他跨进上海音乐学院大门的时候，他的举动引起了同学们的围观。他对同学好奇的目光置若罔闻。因为，苦难和失败的经历已经使他变得坚毅而又坚定。他知道放下所有包袱，才能前行。

就这样，他开始了自己新的人生。开始的时候，他的学习成绩很差，甚至在考试中位居全班末位。可是，他从不气馁。他把一切时间都用来学习，用来弥补自己的不足。很快，他从一位差等生变成优等生，从一位优等生登上了北京大剧院、法国巴黎大剧院、挪威大剧院，夺取了"多明戈世界歌剧大赛"第一名、挪威"宋雅王后声乐大赛"第一名等世界级的荣誉，站到了世界音乐舞台的最高峰。

2011年7月16日，在上海世界游泳锦标赛开幕式上，他身着泳装，在水中演唱了《泳动》。他的美丽的歌声传遍了全球各地，滋润着亿万观众的心田！

他就是廖昌永，现任上海音乐学院声乐歌剧系主任、上海音乐学院副院长。无论起点多么低，无论条件多么差，无论别人多么鄙视，只要赤脚往前冲，才有可能成功。

（田野）

背水一战

　　我从华尔街银行辞职后重新开始追逐梦想。一家金融巨头正准备雇用更多的股票经纪人，我想这个我能行。我兴致勃勃地打了电话，与分部副行长约好了面谈时间。在约定见面的那天，我患了重感冒，差点儿卧床不起。但是我不能放过这个千载难逢的机会，于是我挣扎着去面试。

　　我们足足谈了三个多小时。交谈得非常顺利。我乐观地相信他会当场聘请我。但他对我说我还得与他的 12 名高级销售人员面谈。在接下来的五个月里，他们每个人都劝我不要成为一名股票经纪人。

　　"你还是从事朝九晚五的工作比较好。"他们如是说，"80% 的新人不到一年就宣告失败，而你完全没有投资经验，你不会成功的。"

　　他们越是打击我的梦想，我就越坚定。与副行长最后一次会面，五分钟的交谈后，他显然有些不知该拿我怎么办。他勉强地打开文件夹，假装阅读我准备的关于被雇用后如何开展业务的报告。机不可失，时不再来。我鼓起全部勇气，直视着他的眼睛，让他注意到我。

"先生,"我说,"如果你不雇用我,你永远不会知道我能为这家公司作出多少贡献。"大言不惭的话一出口,我就害怕了。哎呀,我说了什么?那时候感觉几秒钟漫长得像几个小时。

他把报告扔进废纸篓后终于开口说话了:"好吧,你得到这份工作了!"

我得意扬扬地站起来,正准备离开,突然他说:"但有一个条件……"

我愣住了。

"首先,你必须从今天起两周内辞去自己的工作,然后参加我们为期三个月的培训。完成这些后,你必须按要求参加7级股票经纪人考试。有250个问题,你必须一次性通过,"最后,他以一句话作结,"哪怕只答错一题,你就被淘汰了!"

我的嘴发干,这背水一战几乎令我窒息。我心知如果我不能通过,将一无所有!然而不知道哪来的勇气,我深吸一口气说:"我接受。"

按要求,我从银行辞职,投身于茫茫的未来之中。经过三个月的培训,我准备参加历时三个小时的考试。如果我能够通过的话,那么离考点不远处就是我的工作地点。我记得我先坐电梯到七楼,然后登记。透过接待处的玻璃我可以看到考场,里面全是整整齐齐分隔成几排小隔间的电脑。

监考员一脸轻松地将我领到指定的计算机前，并向我发出开始答题的信号。我非常紧张，但随着考试的继续，我越来越有信心。三个小时转眼即逝。

到了最后评分时间。计算机计算后将把得分显示在屏幕上。

我坐在那儿，双手叠放在膝盖上，盯着决定我未来的计算机。旁边的人都可以听到我的心跳声。屏幕上闪动着消息："你的分数正由计算机汇总，请稍候。"

我快等不下去了！好在最后分数出来了。我通过了！我大大地舒了一口气。

从那天起，我一往无前。我的表现不仅超过了自己的期望，也超过了雇用我的经理的期望。在升职之前，他亲眼见证了我的个人销售额飙升1700%，亲手向我颁发多个销售奖项。

我的经历验证了梭罗的名言：一个人若能自信地向他梦想的方向行进，努力经营他所向往的生活，他可以获得通常情况下意想不到的成功。

（邓惠尹　编译）

不要甘当失败者

　　记得著名画家黄永玉曾经说过这样一段话："人生难免摔倒，摔倒之后吸取教训爬起来的人可能会成功；摔倒之后不肯起来的人，只能成为失败者。"而实际生活中，有些年轻人摔倒后的确不肯爬起来，而是破罐子破摔，任由自己的人生在泥淖之中越陷越深，既不愿去寻找昔日的辉煌，在此基础上重树远大的目标和理想，也不去另辟蹊径。结果，在怨天尤人中为自己曾经的辉煌抹上了暗淡的色彩，因不能坚强地爬起来而成为人生的失败者。

　　张尚武，1983年出生，凭借其力量方面的优势，在12岁时入选国家体操队，成为一名令人羡慕且拥有美好前景的体操队员，而且一度是国家队重点栽培的对象。被选入国家体操队的张尚武经过刻苦训练，加上自己的虚心好学，其体操技能有了飞速的长进，被教练和队友们视为未来的体操运动明星。2001年，也就是在他18岁的时候，耀眼的明星光环终于降临到了他的身上。他在北京举办的世界大学生运动会上一鸣惊人，在此届大运会体操比赛项目中，此前从未参加过国家大赛的张尚武除了夺冠吊环金牌之外，还和邢傲伟、杨威等名将一起夺得了男团比赛的冠军。

张尚武在体操运动中崭露头角后，便立下了参加2004年雅典奥运会的志向。心怀梦想，所以张尚武在体操竞技的训练中更加努力。然而在残酷的竞争中，张尚武却落选了雅典奥运会的主力阵容。对未来充满向往而上进心极强的他，经受不住这次打击，从此一蹶不振，于2003年选择了退役，然后回到了河北队。

张尚武回到省队以后，没有从头再来的勇气，而是选择了破罐子破摔这一消极的人生态度。他在省体操队既不肯积极参加训练，也不愿与教练和队友们进行交流，而是抱着一种混日子的心态消极地游荡于体操队之外。在这种悲观情绪和不思上进的心态主导下，张尚武的体操技能不仅难以保持大运会的冠军水平，而且在体能、素质、技术等方面也出现了倒退。在这种情况下，从国家队退役一年后，他不得不主动从省体操队退役。

这时的张尚武，因知识浅薄以及无一技之长，在找不到合适工作的情况下，便开始在社会上游荡。在生活窘迫的困境中，张尚武为了生存，毫不珍惜地以150元的价格卖掉了他一生的荣誉——北京世界大运会上获得的金牌。

退役后的几年间，张尚武曾谋得一份自食其力的稳定工作，但因餐馆服务员、养老院护下工等工作太辛苦，都没能坚持下来，他最终走上了偷盗之路。2007年初，张尚武因盗窃而被天津警方判拘役两个月，然而这个惩罚并没有给他带来教训。从看守所出来后，他又重返北京，开始流窜在网吧等人员混杂的场所。2007年6月25日下午5点多，在北京的一所体校内，当网球队与乒乓球队的队员结束当天的训练回到宿舍的时候，发现宿舍里一片狼藉，队员们的笔记本电脑和手机等物品都被人盗走。警方马上调看了体校的监控录像，体操队的一位教练当即认出是张尚武所为。后来，张尚武在一个网吧上网时被抓获。在警方的询问下，他又供认了先后在丰台光彩体育馆、西城什刹海体校等地进行的偷窃行为。张尚武因盗窃被捕后，被判服刑四年。今年四月，他提前两个月被释放出狱。

今年7月19日晚7点多，一位自称"浪风"的网友发出一条"前世界冠军乞讨"的微博并配有照片。经过网络的疯狂传播，该视频在24小时内已被转载一万多次，3天内已经直逼4万次。这个瞬间成为"网络红人"的流浪卖艺者就是张尚武。出狱后，在没有工作和经济收入的困境下，无奈中他选择了街头卖艺。在北京王府井地铁站通道内，张尚武利用当年赢得冠军的倒立、托马斯全旋等体操技能，通过表演换取围观者的一元、两元或五元面值不等的钞票。

记得有人曾经说过，人不能决定生命的长度，但可以扩展生命的宽度。而张尚武却觉得，既然在心怀梦想朝着人生巅峰冲击的时候遭遇了失败，那么就一路滑落下去。选择失败，也许是自己的命中注定。也因此，他从希望之星、世界冠军到阶下囚，甚至沦为乞丐。也许他的人生悲剧，不仅仅是他个人的原因造成的，但作为一个在起步阶段就创造出人生辉煌的年轻人来说，更多的原因还是没能把握好自己，从而给自己留下了一生的悔恨。

忘了是谁说过，人生就如同在路上不停地奔波，有顺境也有逆境。顺境中要心态淡然，逆境下要勇于面对，切不可因人生失意而消极悲观，甘当一名失败者。人生的路漫长又坎坷，我们只有不放弃、不抛弃，勇敢地面对挫折才能战胜挫折，迎来生命的曙光。

（卞文志）

成功是差一点失败

"天宫一号"发射成功之后，在接受记者现场采访时，一位卫星发射中心的总指挥谈及自己当时的感受，没有太多的激动，甚至从他脸上看不出多少成功后的轻松和喜悦，他只是镇定地回答记者："成功是差一点失败，失败是差一点成功。"说得太好了。没错，离成功最近的，常常是失败；而离失败一步之遥的，往往就是成功。

我有一位朋友，他是一个登山爱好者。迄今为止，他已经征服了差不多全世界所有的高山，包括世界最高峰珠穆朗玛峰。他一共参加了68次登山运动，其中成功登顶22次，失败46次。他感慨地说，失败的46次，其实都差一点就冲顶成功了，却因为种种原因，最终失败。而成功登顶的22次，每一次也都是差一点就失败了，有时候是因为体力差一点不支，有时候是装备差一点出纰漏，有时候是因为天气差一点变恶劣，有时候则是因为自己的精神差一点崩溃，每一次，他都差一点就放弃了。而放弃，就意味着彻底失败。在我的朋友看来，坚持、不放弃，是他每一次成功登顶所共有的特质。

在一场激烈的NBA球赛中，火箭与国王两强相遇。第一节，火箭队以35比20的大比分，拉开了序幕，这让与国王队角逐一直胜少败多的火箭队看到了希望。第二节和第三节，火箭队依旧保持着强劲的领先优势。然而，第四节一开场，国王队就发起了强悍的反击，一度打出了8比0的高潮，这让火箭队冷汗直冒。国王队乘胜追击，在离比赛只有24.1秒的时候，以87比86反超比分，国王队胜利在望。

火箭队控球。24.1秒，恰好可以完成一次投篮。最后时刻，球传到了诺瓦克手中，还有不到3秒的时间了，必须出手。被逼在三分线外的诺瓦克一边运球，一边寻找突破的机会，出现了一个空当，诺瓦克起身，弹跳，投篮，篮球划出了一道优美的曲线，奔向球筐。在NBA球员中，诺瓦克的三分线命中率算是高的，达到了46.7%，但也仍然只有不到一半的成功率。这一次，幸运的诺瓦克的三分球进了！时间定格在最后的2.5秒，火箭队以2分反超。关键时刻，一记漂亮的三分进球，将差一点失败的火箭队，再次引领至胜利的时刻。

不过，对国王队来说，最后的2.5秒，也仍然有翻盘的机会，最后一秒针反败为胜的经典案例，在NBA球场上从来就不少见。也必须投进一个三分球，国王队才能取胜。国王队打了一个战术配合，将希望寄托在三分王阿泰斯特身上。压着全场比赛结束的哨音，阿泰斯特纵身将篮球稳稳地向篮筐投去。如果球进了的话，国王队将以90比89，战胜火箭。如果不中的话……很不幸，篮球在篮筐里打了几个转，竟然意外地弹了出来。这样，差一点成功的国王队，以2分之差惜败。

差一点失败的火箭队，坚持到最后，成功了；而差一点成功的国王队，最终却功亏一篑，失败了。成功和失败，就在那短暂的几秒钟之间，交替、转换、更迭、变幻，让人眼花缭乱。

其实，真正的成功者并不自骄自傲的原因在于，他深知自己的成功，其实是奠定在无数次失败基础之上的，他的成功从来就没有远离过失败。而如果你颓丧地认为自己总是一个失败者，那我要告诉你，你离成功也许只是一步之遥，只差那么一点了。别以为一个成功者和一个失败者之间有多大差距，他们的距离，往往只是差那么一点点而已。

（孙道荣）

防人与防己

"害人之心不可有，防人之心不可无。"此乃我国千年古训。

古训似乎是有道理的，以至于至今人们还把它作为一种处世的信条。

你看：儿子长大了，独自外出闯荡江湖。出发前，父亲把他叫到面前，反复叮嘱道；"不识路可以走遍天下，不识人却会寸步难行""人心隔肚皮，独自在外处处都要提防着点，可不能上别人的当啊！"……

人与人相处本来应该坦诚相见、互相信赖，而不该存在任何隔阂或芥蒂，更不该相互提防、相互警惕。但在实际生活中，却时常可见以下种种现象：或者台上喝酒，台下踢脚，或者当面奉承，背后诋毁，或者落井下石，乘人之危……一次又一次的吃亏，即使是胸怀坦荡、毫无城府的人，也觉得须提防着点，也觉得"话到嘴边留三分，未可全抛一片心"的俗语并不是没有道理的。

现实告诉人们，与人相处做适当的提防常是必要的，如果对任何人都毫无遮掩地袒露一切，往往会陷于被动的困境。记得莎士比亚说过这样一段话："对众人一视同仁，对少数人推心置腹，对任何人不要亏负。"可见能够祖露心中一切的也只有可以信得过的"少数人"。

然而，"防人"毕竟是人与人相处的反常现象。人与人之间的提防应该越少越好。我们与人相处的出发点应该是相互信赖而不是相互提防。

由"防人"我想到"防己"。

与人相处，别人对我们的态度怎样，常是我们自己"引发"出来的。由于自己在某种场合的失言、失控、失态，才给了别人以可乘之机。

例如，取得了成绩，你得意忘形，遭受不幸，你悲痛欲绝，面对金钱，你动心动情……因为你有了上述种种表现，别人才可能略施小计，将你推下河去。

"身正不怕影子歪"，自己堂堂正正，不骄不躁、不喜不悲、不贪不恋，别人也就无从对你暗中"使绊子"，你也就无须处处提防别人。何况我们所处的社会，毕竟不同于《红楼梦》那样的时代，像王熙凤那样"明是一把火，暗是一把刀"的人终究是极少极少的。

因此，为人处世，我以为重要的不是提防别人的暗算，而是警觉自身的失控。

（丁凯隆）

谋事在人，成事亦在人

　　俗语说：谋事在人，成事在天。这往往是失败者的遁词，借以为自己的失败打掩护，其实是不对的。正确的说法应该是；谋事在人，成事亦在人。

　　人是办事的主体，谋事虽佳，而所用非人，无论怎样美好的设想，善良的愿望，也难以实现。在办事时，首要考虑的是人，能坚持"人的因素第一"的思想，用它贯穿办事的始终，才有成功的可能。最近重读王安石变法的故事，更加深了这种理解。

　　王安石是北宋著名的政治家，他所推行的新法，诸如均输、农田水利、青苗、保甲、免役、市易、方田均税、将兵等等，在当时历史条件下，无疑都是富民强国的一剂良策。当"天下之财力，日益穷困，而风俗日益衰坏"的时候，振衰起弊，顺天应人，自是最佳时期。然而变法的结果，则是"劳人费财于前，而利不遂于后"，惨遇失败！这种失败，我认为原因不在变法的本身，而是用人不当所致。以吕惠卿为首的一班变法运动合作者，同时也是变法运动的拆台者。他们在变法过程中或多或少都帮了倒忙，弄得天怒人怨，不得不半途而收兵。及至王安石逝世，这些热衷一时的帮手们，没有一个坚定的变法者，他们都一反旧态，"多讳变所从"，"人人讳道是门生"了。

其实，王安石也有任人唯贤，不拘一格选拔干部的思想，他曾说过："方今之急，在于人才而已。"可悲的是，他缺少一套制约、考核变法人才的方法；缺少一套监督、检测变法效验的机构。因而在运动过程出现问题时，便无法及时发觉，及时补救，及时纠正和解决那些走了样、变了质的人和法，使其越陷越深，终至不可收拾。

"事遂成，功求成，而不量天时人亡之可否"，这是主观与客观的矛盾。而王安石的倔强性格，孤行己意，又助长了这种矛盾的益发加剧。他想到动机不错，愿望很好，却没看见效果极坏，后患堪虞！这便使他成为"好心办了坏事"的悲剧人物！

事是人办的，法是人掌握的，"徒法不足以自行"，古有明训，岂可掉以轻心！人在社会中生活，必然受到社会力量的制约和影响，如本人的利益，小集团的利益，封建头领思想，地方保护主义等等，都会扭曲法制的正规进行。所谓："有法不依，执法不严！言大于法，权大于法，种种现象之层出迭见，都会使法弛难施，人民大受其害！"

一句话，人事不臧而已，与天何于！所以说："谋事在人，成事亦在人"，与天毫无关系！

（王宁）

应对逆境的五个重要对策

伊丽莎白·皮尔·艾伦是20世纪最伟大的人生教育大师诺曼·文森特·皮尔博士的女儿。她的父亲凭借对人生的深刻认知和领悟，撰写出四十余本指导人生的畅销书籍，成为美国人心目中具有划时代意义的精神领路人，而艾伦也从父亲那里学会、品悟出应对逆境的五种最为重要的对策。

一、给予和付出是让心灵平和富足的最好方法

我父亲诺曼·文森特·皮尔出生在19世纪末，他和我母亲在创业阶段的初期，正赶上了全球性的经济大萧条，裁员、失业，生活状况极端恶化成为当时社会的主旋律。那时候，父亲是纽约雪城大学的一个教堂牧师，尚无失业之虞，但是，前来教堂的会众所表现出来的无法掩饰的忧虑和恐惧不可避免地影响到了我的父亲，他陷入了深深的忧虑之中。在一个个失眠之夜，他焦躁地在公园外踱来踱去：教堂会怎么样？他的家庭会怎么样？今后的生活会怎么样？

是母亲给了他一个关键的提醒："一切都会变好的，现在的关键

是，设法让你的心平和起来。而给予和付出是让心灵平和富足的最好方法。"

"但是，我们没有任何东西可以给予。"父亲说道。

"是的，我们没有钱、没有多余的食物，但是，我们有爱心、有双手，可以去帮助和关爱更多的人。"

父亲终于找到了一条改变心绪的最好方法。几十年后，父亲给我灌输最多的一则箴言是：上帝的承诺——给予越多，得到越多。

二、远离忧虑，积极乐观地对待生活

或许是大萧条时期那段忧心忡忡的痛苦经历给了父亲太深的印象，父亲甚至对"worry"（忧虑、担心）这个词都进行了深入的研究，他常常向我讲起这个词：worry 源于一个古盎格鲁·撒克逊的动词 wyrgan，义为窒息或扼杀。父亲最喜欢的一幅画，就是一幅早期盎格鲁·撒克逊的绘画，一只巨大的、愤怒的狼咬住一个人的脖子，这幅画形象地展示了担忧所引起的后果。

父亲用他一生的努力来告诫人们，远离忧虑，积极乐观地对待生活。他撰写的《坚强的乐观者》《积极思考的力量》《人生光明面》等书，使得无数的人受到激励，焕发出强大的内心力量，战胜了各种各样的艰难挫折和悲观失望，最终找到了人生价值和心灵平静。

三、三思而后行

在我母亲和父亲开始创办《Guideposts（路标）》杂志时，经历了数不胜数的挫折和困难，支出在一路攀升，甚至到了无以为继的地步，父亲费尽周折邀请到了一位富婆，她是我爷爷的朋友，父亲希望她能在他最困难的时候，伸出援助之手，给他的杂志提供一笔款项。在富婆听完了我父亲的情况介绍后，她当即表示："我不会给你提供超过一枚的硬币！"她毫不留情地对我父亲说："在你的情况介绍中，我从头到尾听到的就是两个字：'缺乏'，缺乏订户、缺乏设备、缺乏钱。但这些'缺乏'还不足以让我拒绝，让我拒绝的根本原因是——你缺乏思考，这才是最要命的'缺乏'。你既没有考虑到可能会遇到的困难，更没有思考过应对困难、解决难题的方法，你这种走一步算一步的做法只能让我的钱打水漂。年轻人，我必须告诫你的是，勇于行动不等于盲目行动，只有经过深思熟虑的行动才更可能接近成功。等你在各个环节都考虑成熟、周全之后，再来找我吧。"

四、直面难题，只有行动才能让你走向成功

父亲告诫我，除了外在环境所致的逆境之外，人生遭遇到的更多的逆境其实是一个个瓶颈，这是通往成功的最大的拦路虎，很多人都是倒在了瓶颈之下，而与成功无缘。"千万不要逃避最艰难的问

题，"父亲对我说，"在瓶颈这个拦路虎面前，不要说'不可能''没办法''无能为力'。只有你'去学习''去尝试''去行动''去解决'，生命才会赋予你无限的能量。而当你一旦解决掉了这个拦路虎，你便能势如破竹，一步步逼近成功。切记：成功是一把梯子，双手插在口袋里的人是永远也爬不上去的。"

五、让信心常驻心间

父亲多次给我讲述过这样一则故事：他的一个商务朋友巴纳德先生是一家拥有500名员工的公司总裁，数年前，公司遭遇困境，濒临破产，很多员工都对公司的前途失去了信心，巴纳德先生创意十足地在公司大门旁悬挂了一幅巨大的画作，画的内容是：在茫茫的沙滩上，孤独地停靠着一艘破旧的平底船，两只桨被远远地抛到了一边，在遥远的地平线，人们隐隐约约能看到海水的影子。在画作的下面，醒目地写道："潮涨潮落，不要在海水到来之际找不到你的桨！"

"成功者的一个共同特性是：他们永远都不会失去信心。"父亲对我说道。

"那么，如何才能在逆境中做到不灰心、不绝望，让信心常驻呢？"我问父亲。

"我的秘诀是，"父亲毫不保留地回答道，"构想一个你成功的精神画面，并把它不可磨灭地铭刻在你的脑海中。在任何时候、任

何境地都要顽强地保持这个画面，决不让这个画面消逝。有了这个
画面，你对成功的渴望就不会衰减，你的信心就不会丧失。"

（尹玉生　编译）

比黄金更贵的是智慧

他出生在印度班加罗尔附近的一个小镇，由于家境贫寒，他连中学都没有毕业，就不得不辍学回家务农了。

他家有三亩多田地，像众多的村民一样，也遍植了橡胶树。由于产量有限，每年的收入家家户户仅够勉强填饱肚子。然而，他从小就不甘于一辈子过这种贫穷的生活。每当割胶的时候，他觉得那些橡胶树滴下的不是汁水，而是流自他心里的眼泪。

这个小镇有一个独特之处，那就是这里的土壤呈现一片褐红色。在外地的旅游者看来，这的确是一种罕见的自然奇观，但在当地村民看来，这种糟糕的土壤正是造成橡胶树减产的主要原因。

一个周末，他在当地唯一的图书馆查阅得知，这种红土很可能含有丰富的氧化铜。他的头脑里立刻有了一个生财之道。

他雇用了一辆汽车，把一整车红土运到了几百公里外的一个铜矿。经过检测，铜矿方同意以较高的价格收购，并和他签订了长期供货合同。回来一算，除去运费，他这一趟净赚了96个卢比。从此，他砍伐了自家田地里的所有橡胶树，开始变卖那些在村民眼里看似一文不值的红土。可以说，这是他为自己人生掘的第一桶金。

当村民们开始纷纷效仿，四处变卖红土的时候，他迅速在镇里开设了第一家铜矿，大量收购红土，并且开出了更高的价格。由于节省了往返的运费，他几乎垄断了所有的红土。很快，他就成了镇里最富有的人。然而好景不长，在当地电视台狂轰滥炸的连续报道下，更多具有实力的铜矿开始进驻到这个小镇。同行间的恶意竞争，使红土的价格越抬越高。到了最后，几乎无任何利润可图了。

一天，他无意间在电视上听到这样一句话：卡邦科技部前副部长库尔卡尼表示，过去四年中平均每周有一个公司来班加罗尔注册，这个速度在印度是独一无二的。他马上敏锐地意识到，此时，在这个濒临城市的小镇投资地产将会获得巨大的收益。

说到做到，他迅速变卖了自己的铜矿，并开始转向收购村民手里的土地。由于土地遭到了村民大规模且无限量的开挖，早已遍布深坑，满目疮痍，不再适合种植任何农作物，他几乎用相当低廉的价格就回收了镇里90%以上的土地。他作出的唯一承诺是给村民免费建设一个封闭型的小区，并安排他们的子女在其新创立的公司就业。

两年后，果真印证了他的推测，由于扩建工业园区的需要，当地政府开始大规模收购土地，且每亩地的价格高出了他当初收购价的600倍。他的举措，令那些至今还靠着开垦红土地做着发财梦的铜矿老板措手不及。靠着这一大笔资金，他终于成功组建了自己的软件公司。

25年后，凭着自己不懈的努力，他从昔日那个整天围着橡胶树忙着割胶的穷小子，摇身一变，成了开创世界知名IT品牌的跨国公司总裁。

他就是号称"印度比尔·盖茨"的普雷吉姆。他一手开创的公司就是业务遍布全球的著名的维普罗软件公司。

"敢为人先，他首先把红土卖出黄金的价格，然后再告诉我们：比黄金更贵的是人的智慧。"美国《时代》周刊曾这样形容他的成功。

（方益松）

成人成功是我的人生标志

今年21岁的杨成兴出生于四川内江市一个偏远小山村。从小就爱"胡思乱想"。并喜欢动手装拆一些东西。

上了小学，尽管杨成兴作业完成得不错，也很乖巧，但杨成兴对学习并不十分关心。放学后，他喜欢收集一些破铜烂铁，在阳台上制作一些飞机不像飞机，汽车不像汽车的模型，经常是忘乎所以。

上初中的时候，杨成兴发现同学们在课堂上的坐姿是千姿百态，歪着的、趴着的、弓着的……什么坐姿都有。杨成兴想，要是有一种"矫正型多功能课桌"该多好。

说干就干，杨成兴利用课余时间翻阅资料，绘图设计。经过两个多月的努力，一张名为"矫正型多功能书桌"诞生了，并参加了重庆市第21届创新大赛，荣获一等奖。后来还代表渝中区参加了当届高交会并获得一致好评。从此，"杨成兴"这个名字在学校声名鹊起，他被学校委以重任，成为校航模社、科技社的负责人。

转眼到了高中，功课更加繁重。科技社很多同学都逐渐把更多精力转移到功课上，只有杨成兴依然热情不减。在发明了"多功能保健鞋"之后，爸爸帮杨成兴申请了他人生的第一项国家专利。自此，杨成兴一发不可收，又发明了"生物磁疗仪""可伸缩安全笔""自动保湿节水花盆"等国家专利产品。

于是，杨成兴成了中国著名的小发明家、中学生心中的偶像，并被中国发明协会吸收为会员。迄今为止，作为一名高三学生，杨成兴共有36项发明，35项待研发项目，3项国家专利，3项收到了专利受理书。

进入高三，同学们都埋头在堆积如山的复习材料中。杨成兴看着周围拼命复习备考的同学，却不为所动。除了完成课堂作业，杨成兴从不因复习、备考而熬夜。相反，杨成兴会经常因一些发明彻夜不眠。

2011年4月，复旦大学党委书记秦绍德一行到重庆复旦中学和全体师生就"大学究竟需要怎样的中学生"进行交流活动。当活动结束后，杨成兴征得校长的同意，主动找秦书记畅谈自己的生活和思想。秦书记问杨成兴"想读什么专业"时，他脱口而出："工商管理。"秦书记莞尔一笑："为什么？你可是发明狂人呢！"

"我需要比我厉害的人为我工作。"听着这个个头儿不高但思维敏捷、有主见的学生的一番话后，秦书记赞赏地说："大学就是需要像你这样有创新精神、科学精神的中学生。"

高考前，复旦大学、西安电子科技大学都希望杨成兴参加他们的自主招生。但杨成兴当即拒绝了，表示对此不感兴趣。对于这一举动，杨成兴的解释是：高考状元也好，尖子生也罢，只不过是对书本知识的复制，并没有创新。而自己是在用自己的智慧，在不断地创造和创新，所以他放弃了高考。他希望通过面试、免笔试的方法，让对方了解自己过硬的实践经验，从而走进大学。

他说："成人成功是我的人生标志，学习成绩不好并不代表我不爱学习，不爱读书。至于现在的功利化教育方式，没有理由喜欢上它。我不能人云亦云，我追求创新。我不企图无所不知，我用无知的心态去学习是促进我创新与思考的维生素原B5。"

（黄志明）

开启心锁的金钥匙

　　美国职业培训专家史蒂文·布朗说："一旦找到了打开某人心锁的钥匙，往往可以反复用这把钥匙去打开他的某些心锁。"这就是"布朗定律"。

　　布朗定律中所谓的心锁，形容某人孤僻自闭，情绪低落，对外界的事物已经到了拒绝输入与交流的地步，往往表现为对身边事物的冷漠、视而不见、充耳不闻。

　　当一个人遭遇工作、事业上的挫折，或者遭遇爱情、亲情、友情种种感情上的打击时，均可能导致"心锁"形成，变得一反常态，郁郁寡欢。不过，这种自闭状态往往是暂时的，当找到了打开他心锁的那把钥匙，他又会重绽笑容，开心如初。"布朗定律"所说的那把打开心锁的钥匙是什么呢？郁闷的背后往往是一片缺少爱的荒漠，他们都缺少别人的温暖和关爱。因此，他们都无一例外地渴望温情和安慰。爱心，正是打开心锁最有效的金钥匙。爱的奉献如源泉，将浇灌着心灵的荒漠；如春风，所到之处感恩之花将簇簇绽放。

（许亮生）

财富不应是温床而应是蹦床

　　年轻人能够继承财富，应该说是值得羡慕的，毕竟拥有财富是件不错的事情，而仇富也终归不是正常的心态。这里不妨让我们认识两个优秀"富二代"的代表：

　　一个是好心态的代表，她是美国一个地产商的独生女。从小到大，她都没有利用家族的财富满足自己任何欲望的心思。学生时代，父亲给她的零花钱很少，有时为了能购买一件喜爱的玩偶，她不得不去做钟点工。大学毕业后，她没有进父亲的公司，而是到美国广播公司应聘，做了一名新闻研究员，年薪仅为3万美元。2009年5月，久经历练的她，这才动用家族的50万美元，开办了自己的文化传播公司。对于这样的生活，她有自己的认识，她说："小时候，父亲告诉我，他能给我的最大财富就是独立。20年后，我不得不承认，父亲是对的。"

　　另一个是好作为的代表，她是华裔美国人，出生于纽约曼哈顿。她的人生之路本来可以豪华而舒适，但是，她没有去走。她选择了一条需要付出大量汗水和智慧也不一定能够走得通的崎岖小径：像许多平凡女孩儿一样,她到一所普通学院念艺术史,每到夏天则到纽约麦迪逊大街的服装专卖店打工。大学毕业后,她应聘到一家时装杂志社,当了一名普通编辑,踏踏实实地一干就是16年,直至成为拉尔夫·劳伦品牌配饰与居家服装的设计总监。1990年,已经在时装界小有名气的她,这才动用家族的400万美元,开办了一家婚纱店。

若以家族财富而论,这两个女孩儿绝对是钻石级"富二代"。"好心态"女孩儿的父亲是美国百仕通集团的创始人,拥有的净资产达25亿美元;"好作为"女孩儿的父亲是美国森美有限公司的创办人,拥有的净资产超过10亿美元。这两个女孩儿完全有条件穿华服,挎名包,乘豪车,清闲而舒适地度过每一天,完全有条件玩自拍、搞"炫富",而不用在险恶的职场中奋力打拼。但是,她们都没有那样低俗,都没有躺在家族的金山上挥霍青春。因为她们知道:财富不应该成为养尊处优的温床,而应该成为助力人生起跳的蹦床。

事实上,这两个女孩儿最终也都"蹦"出了人生的绚丽。目前,"好心态"女孩儿是全美著名的时事评论员,她的公司也跻身全美100强,她叫霍莉·彼得森;"好作为"女孩儿已经成为全球最著名的婚纱设计师,她所设计的婚纱,是包括希拉里的女儿切尔西·克林顿在内的全球超级明星们竞相追捧的奢侈品,每一套价格足以买下一辆名车,她就是世界"婚纱女王"王薇薇。

(孙建勇)

不放弃最后一丝希望

　　那一年，他应聘到一家汽车销售公司做汽车推销员，老板给了他一个月的试用期，一个月内如果他能推销出去汽车，就留用，如果不能，就被辞退。此后他便辛苦奔波，但一个月过去了，却一辆汽车也没有推销出去。第30天的晚上，老板打算收回他的车钥匙，并告诉他明天不用再来了。但他说："还没有到晚上12点，所以今天还没有结束，我还有机会！"

　　于是，他把汽车停在路边，坐在汽车里，等待着奇迹的发生。快到午夜的时候，有人轻叩车门，是一个卖锅的人，身上挂满了锅，向他推销。他请这个卖锅人上车来取暖，并递上了热咖啡，两个人聊了起来。他问："如果我买了你的锅，接下来你会怎么做呢？"卖锅者说："继续赶路，卖下一个。"他又问："全部卖完了以后呢？"卖锅者说："回家再背几十口锅出来卖。"他继续问："如果你想使自己的锅越卖越多，越卖越远，你怎么办？"卖锅者说："那我就得考虑买部车，不过现在我买不起。"

　　他们就这样聊着，越聊越开心。快到午夜12点的时候，卖锅者在他这订下了一部汽车，提货时间是五个月以后，留下的订金是一口锅的钱。因为有了这份订单，老板留下了他。从那以后，他继续努力推销，业绩不断增长，15年间，他就卖出了一万多部汽车，创造了推销史上的奇迹。他就是被誉为世界上最伟大的推销员的吉拉德。

有的人之所以成功，就是因为即使面对的是极其渺茫的希望，不到最后一刻，他也不会放手，而是死死抓住这点希望不放，在最后的坚持中赢来奇迹的出现。机遇青睐执着的人，这类人即使是在最黑暗的夜晚，也会坚定信念信心满满地向前走，勇敢地穿越漫漫长夜，最终迎来阳光灿烂的日子。

（书剑）

与"上帝"打赌的女孩

    2009年9月，有个叫孙凤慧的女孩儿成为山东某大学一名新生。从高小生到大学生的身份转换，使她自信满满，言谈举止间总会不由自主地透着自豪。可是，没过多久，她就受到了打击。在一次QQ聊天中，有个叫"我是上帝"的网友对她说："小妹，你是大学生？太'杯具'了，千万别显摆你的这个身份。大学生回到家里，别号叫吴承恩；来到学校，大号叫曹雪芹。"孙凤慧不解地问："什么意思啊？"对方说："所谓'吴承恩'，也就是'无诚恩'，对家人没有诚实和感恩，只知骗家长钱，然后任意挥霍；所谓'曹雪芹'，也就是'抄学情'，考试抄同学，论文抄网络，说穿了，就是一群'多洛斯基'——堕落死机！"对方在QQ对话框中敲下这几行字后，迅速闪人。那天，孙凤慧感到无比郁闷。

    时间过得飞快，转眼到了2010年3月。有一天，报上的一则新闻深深吸引着孙凤慧。那是条报道大学生陈钲涛创办"诚信小店"的新闻。她一口气看完，深受鼓舞，有了跃跃欲试的冲动。当晚，她下了QQ。想找的那个人——"我是上帝"正好在线。孙凤慧敲下这么一行字："上帝，我想与你打赌。给我时间，我会用行动来证明这样一个事实：我们大学生绝对是一个讲诚信的优秀群体。如果我赢，你必须收回你当初的评语，并在QQ群里公开道歉。如果我输，我将再也不向人们展示我的大学生身份。"对方回复："好吧，一言为定！"

2010年4月11日，孙凤慧在她们宿舍区主干道的一棵大树旁，摆上一张小课桌，又花100多元钱批发来笔芯、橡皮、练习本等文具，整齐摆放在课桌上，并放上一只收钱箱，箱子里有零钱若干。弄好这一切之后，她郑重地将一块手写牌子挂出来，上面写着"诚信小店"四个字。她要复制陈钲涛的"诚信小店"，因为，陈钲涛自2007年10月创办"诚信小店"以来，很多大学生都经受住了对诚信的考验，孙凤慧相信，她的同学们也一样能够经受住考验。

孙凤慧"诚信小店"开张的消息在校园里不胫而走，同学们都来捧场。所有来过的学生，都被诚信小店独特的经营模式所吸引。这是一种完全无人看管的经营模式：无人收钱、无人介绍货品，挑选、付款、找零全由顾客自己办理。如果暂时没有零钱，可以先拿走所需货品，在留言簿上写个欠条，下次再来补交。这里，收钱箱是唯一的"经营者"，一切买卖全靠顾客的诚信自觉。孙凤慧只在每天早上6：30和晚上7：00出现两次，这也是小店开张和打烊的时间。每天打烊后，她会对货物进行清点，计算出营业额和利润，第二天开张时，她将头一天的应该进账和实际进账情况进行公布，以显示盈亏状况。

开张后的头几天，一切很顺利，顾客也不少。没有想到，第八天出事了。那天晚上，孙凤慧去收摊，发现诚信小店只剩下一块牌子和一张课桌在晚风中孤零零地立着，178元钱的货物和收钱箱不知所踪。那一刻，她伤心到了极点，呆呆地站在大树下，欲哭无泪，脑子里不断回响着"我是上帝"的刻薄评语。这时，一个女同学走过来说："我在楼上看见一个校外收破烂的人卷走了你的东西，从后门跑的，喊都喊不住。"听同学这样一说，孙凤慧转愁为喜，禁不住说："谢天谢地，不是我们同学干的就好。"

在接下来的日子里，诚信小店得到了越来越多同学的支持和喜爱，不断有同学志愿加入经营活动中。诚信小店由最初的一张课桌发展到三张，再发展到拥有一座五格陈列柜，还添置了遮阳伞，诚信小店也改名为"诚信驿站"。

一个月过去了，一个学期过去了，一年半过去了，孙凤慧的诚信驿站考验着每个前来购物的大学生的诚信。考验的结果是：人人满分。在这么长无人值守的时间里，没有出现过一次大学生偷盗或者赖账事件。一年半下来，诚信驿站赢利1200多元，2011年10月26日，孙凤慧还拿出1000元帮助了两名贫困生。

孙凤慧终于笑了，她为同学们所表现出来的诚信操守而自豪。在QQ上，那个带着偏见的"上帝"不见了踪影，他也许早就已经看到了孙凤慧的验证成果，而躲在某个角落自我反思。不过，孙凤慧还是在QQ群里留言道："也许，我们大学生在某些方面存在着问题，但是，事实证明，我们每一个人都有着不容置疑的诚信操守。几天后，"我是上帝"上线，在群里发了一张作揖的人物动漫，并附有一行字："很抱歉，上帝的判断有时也会错，但是，大学生的本质则不会错！"

（孙建勇）

慢一点也能成功

她出生在江苏南京一户普通的工人家庭。两岁时，她还不会走路，父母吓坏了，以为她得了什么病，就带她去医院检查。所幸并无大碍，只是她发育比较慢而已。虽然三岁的她走路还要搀扶，吃饭也得喂，但母亲仍为她能健康而开心。

后来，她渐渐长高了，可以自己走路。慢慢地，她生活可以自理了。但由于智力发育慢，直到小学毕业，她才能写好字。

有一次，数学老师忍无可忍地骂她："你是猪吗？这么笨。我都讲了十多遍，就是猪也听明白了，可你还是不懂！"

她一听老师提到"猪"，立即高兴地说："老师，我喜欢吃猪肉。"老师气得冒烟，骂道："你还能更笨一些吗！"

放学时，母亲来领她回家。老师还没有消气，又把她母亲骂了一顿。那一刻，她当场就哭了。

母亲问她："因为老师骂你是猪才哭吗？"她不吭声，只是摇头，母亲说："那是为何？""老师骂妈妈！"她悻悻地说。"没关系，孩子，妈妈不在意。因为在妈妈的眼中，你很聪明，并且会越来越聪明。比别人慢一点成长，没关系，那也能有自己的成功。只要你不操之过急，脚踏实地地积累、前进。"

由于每次考试都难以及格，从小学到初中，不论教室在哪里，她都坐在最后排的角落。有一次，她破天荒地考了个60分回来，母亲激动地冲出屋子大喊道："快来看！"邻居都围过来看那张60分的考卷，很多人不屑地说："哪有你这么宠孩子的，考个及格就那么兴奋！"母亲说："别急着追求完美，要看到她的进步嘛！"说完，母亲立即买了只大鸡腿给她，以示鼓励。

初中后，她的发育终于提速了，个子长高了，通过努力，学习也进步了不少。不久后，她幸运地考上了南京梅园中学。

然而，她薄弱的基础，远不能胜任高中繁重的课程，因而她的成绩并不出众。有段时间，她的情绪十分低落。母亲见状，安慰她说："孩子，花开都有一个过程，人只要努力播种了，虽然慢一点，但总会绽放的。"

母亲的安慰像是一剂灵药，她不再浮躁。后来，她的成绩有了很大提高。

2007年，她以优异的成绩考上了中国传媒大学南广学院，学习播音与主持艺术专业。虽然，20岁的她已经长到了165cm，但在美女如云的学校，她并不是什么风云人物，仅是一棵平凡的小草。

尽管她在学校不招人眼光，但她有着自己的追求。课余时，她努力学习英语，经常做一些国际活动的主持和翻译。别人喜欢将自已打扮得风光靓丽，她却忙碌于主持学术活动，耐心地储备。她坚信，现在厚积将来才能薄发。

2007 年，张艺谋到南广学院来选《山楂树之恋》的女主角，她也去应征了。但是张艺谋要的是一个不食人间烟火，且长相十分清纯的女孩，也就是现在的周冬雨，而她自然落选了。

虽然失败了，但是她并没有气馁。她安慰自己："我不要急于成功，要有耐性。虽然慢一点，但只要我努力了，成功终会垂青自己。"

之后，她在完成学业的前提下，经常参加各种社会实践，不仅苦练英语，多次获得学校英语演讲比赛奖项，还担任干部，锻炼自己的组织能力和交际能力。除此之外，假期时，她还"漂"到横店跑龙套。有时，演戏累了，母亲就刺激她说："现在所有人都在等着你，你觉得自己疲惫、委屈吗？别人都认为你不行，认为你笨，难道你也这么认为吗？"每次只要这样一激励，她就重新获得了力量。

2009 年，她终于迎来了成功的机遇。因为扎实的语言基础和丰富的实践经历，她被张艺谋团队看中，成为"谋女郎"。但是由于表演技巧薄弱，她并没有戏可拍，只能被"雪藏"，接受为期两年的培训。那段时间，她并没有觉得委屈，她总是对自己说：成功不能大跃进，慢一点，会有出头之日的。

果不其然，2011 年她饰演了《金陵十三钗》的女主角，一炮而红，蜚声海内外。

　　她就是倪妮。当谈及今天的成功，倪妮说："成功不是乘电梯，它需要一步一步地攀登。在成功的路上，你比别人慢一点没关系，只要自己踏实而刻苦地努力，朝梦想的方向追赶，你就会获得属于自己的成功。"

（李斯）

青春在心　未来在云

天空飘过的白云，变幻莫测，让我感到奇怪和惊讶的，不只是它的形状总处于不断变化中，还因为包围在我们身边的时间，本以为会慢吞吞地走过，可待你回首，它早已消失得无影无踪，即使它们还在你视野所能及的边缘，只要一眨眼，一切都将消失。

有一种抵不住的力量，让我记不清许多东西，我的未来丢失在云端，交给了不可知的时间，所以我会迷惘、会失望，多想问一问天，刺青仍在，我的坚持、我的倔强、我的信仰，被时光关在了哪里？

坚守？放弃？我的未来、我的生活何去何从，在缤纷的大千世界里，有人会走上早已安排好的大路，一帆风顺地走下去，其中的一部分人会安于现状，随遇而安；另一部分人则会跳出来，走进并不宽阔但是可以追逐梦想的小巷。有的人走了一段路程之后，发现前方似乎是个死胡同，便放弃了。也有不甘放弃的人走了下去，他惊喜地发现，拐了个弯，就是繁华的大街。

现实和理想的碰撞，导致我在生活和感情中找不到方向，在理性和感性中找不到天平，我总迷失于这片阴影里，可我的信仰支持我执着地走下去。想起那几个人如花的笑靥，我的梦魇被驱散，再见了天光，走到了繁华的大街，只是面对这么多路口，左拐还是右转呢？

之后渐渐地明白，有许多东西可能会成为一生的羁绊，有时可能会面临无路可走的地步，只好让心不停地说服我自己离开．于是想起：谁为谁恨之入骨，不得翻身；谁为谁痴情等待，再无欢颜；谁为谁机关算尽，终结未来。

也终于领悟到那些看似没有关联事件的结局，或许是早已注定的必然，在耳边不停念想，呵，念想，多像秋天的枫叶注定会变红，最后回归土地，不想矫情地说一句："落红不是无情物，化作春泥更护花。"只想知道"落红"的心事，是想继续待在枝头，让人们欣赏它的美丽，还是"落叶归根"，义无反顾地奔向死亡呢？只是它们无法决定自己的命运，就像身处在这个不由自主社会的我，心底虽然有一个小小的声音在"呐喊"，可总是徒劳无功，即使有太多的棱角想要保留，有太多的信仰想要依赖，也有太多的"白日梦"想去追求，可命运这个东西告诉我，或许这些东西会成为你未来道路上的绊脚石，你只有把它们拆除或降低它们的高度，才会使你不停留在某一处，从而超越他人。

一定要明白一点，梦想是个奢侈品，只有当我们有足够的能力去完成梦想时，再去实现梦想。现在我们要把自己心中全力以赴的梦想化作努力的最大推动力，让梦想成为心中坚定的坚持。无论遇到多大的险阻，只要我们能成功，别忘了对心中的梦想说一声：时光去了，唯有你在，谢谢！

　　在短短的青春生命里，会有很多彷徨，面对这纷杂的世界，我也曾乱了阵脚，但每次犹豫不决之后，我都能坚定地走下去，所以，我要告诉大家：任它东西南北风，停下脚步之后，别忘了前方还有路。

（孙浩）

把点连成线

　　他的童年可以说是不幸的。父亲是叙利亚人，母亲是美国人，他的母亲未婚怀孕生下了他，迫于生计，放弃了对他的抚养。后来他被一对蓝领阶层的夫妇收养了。

　　他17岁时进入大学，可是只读了一个学期就辍学了。原因是他觉得在大学里找不到自己人生的答案，大学不能让他明白他真正想要什么。在这种情况下，他不忍心再继续用养父母那微薄的收入来支付自己的学费，因此辍学后的他有一年半的时间都寄宿在朋友的宿舍里，靠卖可乐瓶的钱糊口。当时，在别人眼中，他绝对是个"无可救药"的年轻人。

　　这个"无可救药"的男孩选择辍学后并没有离开学校，从此，不感兴趣的学科他就不用花时间去上课了，可以自由选择自己喜欢的课程旁听。值得一提的是，他对美术字非常有兴趣，所以花了很多时间学习美术字。

　　20岁前的他跟许多陷入经济困难、对未来没有目标的青年一样彷徨。辍学之后的一年半时间里，他把大量的精力"浪费"在当时无人问津的美术字上，他的这个决定在别人眼里是愚蠢至极的。可是，他并没有让自己彷徨太久。

一个偶然的机会，他接触到电脑，忽然明白了自己究竟想要什么。电脑让他确立了自己的人生目标。他果断地辞掉之前的工作，义无反顾地投入到电脑事业的创建中。当时他还只是一个20岁出头的毛头小子。从事电脑事业后，他尝试着把美术字概念应用到电脑上。

他所积累的经验在10年之后终于大放异彩。辍学后的他先是在一家电视游乐器公司上班，当了一年的设计师，然后他和同事一起离开公司，在养父母的仓库里创立了"苹果电脑公司"。在29岁那年开始研发（麦金塔）电脑，创新运用大量美术字中的特殊字形，很快获得了广大消费者的支持。

苹果电脑在草创时期仅有两名员工，但短短10年后，已扩增为拥有4000多名员工、公司总资产高达20亿美元的全球知名企业，这个男孩也因此成了美国民众的偶像。那一年，这个男孩才29岁！在30岁前他已成为跨国企业的CEO。

这个男孩叫贾伯斯，美国知名的个人电脑制造公司——苹果电脑公司的首席执行官。

尽管当年他学习美术字的动机只是单纯的兴趣使然，并没有想到用它在将来成就一番辉煌的事业，但回首来时路他却发现：以往的所有经历其实都是一个个的小点，当把这一个个的小点连在一起，就画出了一条线——通向成功的线。

把点连成线，想必我们每个人都知道。一句看似简单的话，却蕴涵着深刻的人生道理。很多时候我们立下的目标或者想做的事，看似简单渺小不起眼，但是，如果你尽力了，去完成了一个点，那么当一个个点多起来的时候，当时机成熟、机遇来临，就可以将这些点连接成成功的线。正所谓聚沙成塔、积水成渊。假如缺少任何一个点，线就有可能因失去了重要的一环而无法连接，你也就只能与成功失之交臂了。

画一个点是简单的，它不至于让我们负重前行。每天进步一点点，去接近并最终完成人生的大目标，这是充满智慧的。

（若风尘）

把握住自己

　　《唐文粹·猩猩铭·序》里载有一则故事：说的是猩猩常数百只结伴而行，乡里人摸透了它们爱喝酒，也爱穿鞋的嗜好，为捕捉它们，就故意把酒摆在路旁，并将草鞋只只相连置于旁边，设下"机关"，张网以待。"猩猩见酒及屐，知里人设张，则知张者祖先姓字，乃呼名骂云：'奴欲张我，舍尔而去。'复之再三，相谓曰：'试共尝酒'。"一试其味，欲罢不能，待饮醉后，"因取屐而著之"，最后落个"乃为人之所擒，皆获，辄无遗者"的下场。

　　故事的情节虽然简单，却很是耐人寻味。猩猩有爱喝酒、爱穿鞋的嗜好，乡里人为擒获它们，就投其所好，设酒、置鞋。问题是猩猩很聪明，不仅一眼就识破了乡里人的"诡计"，而且还破口大骂了一通。但为什么最终还是被乡里人"皆获，辄无遗者"呢？

　　这正是故事给我们的深刻启迪：面对诱惑，缺乏把握住自己的能力。一是眼里识得破，肚里忍不过，把握不住自己；二是存在侥幸心理，"试共尝酒"而不著屐，结果喝了酒，就身不由己了。

　　猩猩就是猩猩，再聪明也是动物，人类是不能与之相提并论的。

然而，反观现今一些被拉下泥淖的领导干部的人生轨迹，便会发现两者是何其相似。

陆某是江苏省江阴市某镇党委书记。求他办事的人多，人们投其所好，用金钱和物质贿赂他。第一次收受贿赂时，他前思后想，既爱钱财，又怕违法违纪，但最终禁不住诱惑，收下了，之后就一直收下去了。陆某夫妇有个账单，详细记录了从1992年11月25日就职——1998年2月2日案发期间的受贿史。从1992年11月25日收受1000元开始，6年间共收受他人钱物483笔，连本带利共计128.6万元。细细算来，陆某平均4天收受一笔，每笔2600多元。一次收受5000元以上的65笔，其中万元以上的22笔；数量最大的一笔是1997年7月25日，收受某厂长10万元。

1999年7月陆某被无锡市中级人民法院刑事二庭依法判处无期徒刑，剥夺政治权利终身，并处没收财产人民币30万元。

说陆某之流识不破类似乡里人的"诡计"是不公允的，难道他们不知道贪污受贿是要受到党纪国法的制裁吗？但为什么他们会落得比猩猩还要可悲的下场呢？原因是他们犯了和猩猩一样的错误：面对诱惑，把握不住自己，并存有侥幸心理。从第一次收受1000元到一次收受10万元，胆子是一点点变大的，开始也想"试共尝酒"，而不"著屐"，结果是"酒"意朦胧，深陷其中，而不能自拔。

毋庸讳言，汹涌澎湃的市场经济大潮，五彩缤纷的社会生活，无疑增加了人们尤其是领导干部把握住自己的难度。然而，正因为难，才愈加显示出它的极端重要性。江泽民总书记曾强调指出："高中级干部手中握有权力，接触面宽，求你办事的人多，遇到的各种诱惑和考验也多，无论在什么情况下，都要把握住自己。这是最基本的要求。"

面对诱惑，把握住自己，不仅是对领导干部的基本要求，也是对人的基本要求，要不人与猩猩又有何区别呢？

（王培佐）

生活力气

　　不久前，我曾看过一部名为《火狐狸》的小说，讲述了一个由于长期生活在忙碌扰攘的大都市而渐渐丧失了生活力气的中年男人，独自一人带着狩猎的工具，闯荡到远离城市的大山深处，去寻找生活的力气的故事。

　　在莽莽苍苍的雪域高原深处，中年男人遇见了一位坚韧而又倔强的老猎手。他与老猎手在人迹罕至、几近绝境的高原雪域深处，共同生活了很长一段时间。为了生存，他和老猎人不得不相互照应，相互支撑，战严寒，斗风雪；不得不一同在苍茫的雪原中，啃干馍，吞雪块，抵御风雪与野兽的袭击。令中年男人奇怪的是，无论遇到什么样的困苦和挫折，老猎手却总是那么的乐观旷达，那么的刚毅神勇，浑身上下总是涌动着使不完的生活的力气。当中年男子向老猎手问起这到底是什么原因时，老猎手只淡淡地说了句："因为在我心中，始终有只火狐狸。"

　　传说中的火狐狸，浑身长着猩红色的、比黄金还要贵重的、比丝绸还要华美的细腻而柔软的毛皮。这种充满灵性的雪域精灵，经常出没于人迹罕至的雪山幽谷之中。在晶莹的白雪映衬之下，它们的身影犹如火焰般光彩夺目。它们的视觉和嗅觉都非常灵敏，即使是最有经验的猎手，也很难寻觅到它们的踪迹。因而，捕捉到一只真正的火狐狸，是一个好猎手终生的梦想与追求，也是他一生梦寐以求的最高荣誉。老猎手为了捕捉到一只真正的火狐狸，已经在这荒无人烟的雪山幽谷中，寻觅和守候了大半辈子。然而，等待他的，除了失败还是失败。但老猎手却始终没有失望，没有气馁。他倔强地坚信，只要有足够的信心和勇气，有不怕失败的韧劲和毅力，就一定能够捕捉到传说中的火狐狸。

中年男人为了寻找在大都市繁忙与喧嚣里渐渐丧失了的生活的力气，毅然决然地在雪山幽谷之中，与老猎人一起，忍受着彻骨的寒冷，开始了他们义无反顾地守候和捕捉火狐狸的精神苦旅。在经受了大自然最严峻的捶打与磨炼之后，中年男人终于从老猎手那充实而刚毅、坚韧不拔的生活信念与百折不挠、无怨无悔的理想追求中，又一次寻找到了生活的力气。

当他带着满身鼓荡不止、奔腾不息的生活的力气，告别由衷敬佩的老猎手，离开深邃的高山雪域回归都市时，在漫漫的风雪路上，他又意外地遇见了一位行头装扮与自己进山时没有多大区别的中年汉子。他也正义无反顾地坚定地走向大山深处，走向风雪弥漫的荒原。不用问中年男人也能猜出，这汉子进山来的目的，也一定是为了寻找生活的力气。

整部小说的故事情节非常简单，没有什么惊心动魄的大场面。但就是这个简单朴素得近乎白描的故事，却深深地打动了我。在简单的故事后面所蕴含着的那种深奥的人生哲理，以及对生命意义的启迪和反思，使我感到震撼，并引发了我对未来、理想、信念以及人生终极目标的久久追索与思考。

那生活的力气到底是什么样的呢？小说的作者没有作正面的回答。但是我理解，所谓生活的力气，就是对明天永远怀着坚定不移的信念和无限美好的向往；就是始终如一地坚持着自己的人生目标和理想追求；就是矢志不渝地向着理想中的目标奋进的义无反顾与坚韧不拔；就是对精神与信仰的不屈不挠的捍卫与坚守；就是虔诚地崇信明天总是充满希望，未来总是无限美好；就是对自己始终充满着信心，对生活永远满怀着乐观旷达的积极态度……

那个为了捕捉到传说中的火狐狸而永不放弃的老猎人，在遥远的深山雪域中，历尽了艰难险阻，九死一生而不悔。他浑身上下涌动着的蓬勃旺盛的生活力气，发端于传说中的火狐狸。尽管谁也不曾见识过真正的火狐狸，但老猎手却始终坚信，那只美丽的火狐狸是存在的。

随着市场经济时代的到来，我们的物质文明得到了迅速的发展，社会文化生活的质量也有了明显的改善和提高，但丰裕的物质在滋养着我们的生活、温润着我们的肉体的同时，也在迅速地消解着我们的精神和信念。快节奏的都市化生活所派生出来的那种喧嚣与忙碌，那种冷漠和疲惫，正不可抗拒地消耗着我们生活的力气。因而，我们只有不断地坚定和固守人生的信念，崇尚和追求希望中的目标，才会始终拥有奔流不息的生活的力气。其实，老猎手已经明白无误地告诉了我们：只要心中始终有只"火狐狸"，就永远不会丧失生活的力气。

（李智红）

永不投降

　　塞林格是美国当代最负盛名的小说家，他的《麦田里的守望者》被认为是美国文学的"现代经典"，总销售量已超过千万册。换上其他一些人，或许会是穿华衣、吃美食、坐豪车、娶名妻，极尽张扬。然而，塞林格走的却是一条完全相反的道路。他退隐到新罕布什尔州乡间，在河边小山附近买了九十多英亩土地，在山顶筑一座小屋，周围种上许多树木，外面拦上六英尺半高的铁丝网，网上还装有警报器。每天八点半带了饭盒入内写作，下午五点半才出来，家里任何人不准打扰他，如有要事，只能电话联系。他平时深居简出，偶尔去小镇购买书刊，有人认出他，他马上拔腿就跑。他不喜欢过多的社交，有人登门造访，得先递上信件或便条；如果来访者是生客，就拒之门外。他更不喜欢自造舆论，成名后，只回答过一个记者的问题，那是一个十六岁的女中学生，为给校刊写稿特地去找他的。

　　塞林格是值得我们尊敬的。一个人在没有能力获得享受时主动放弃享受，并不是一件怎么了不起的事，难就难在当享受唾手可得，却不向它投降，自觉地坚守自己的生命目标。正是这种视创造为生命、鄙视享乐的性格使塞林格的作品保持了持久的艺术魅力，他的作品哪怕是一个短篇，一经发表，马上会引起轰动。

一个人总会幻想一些美丽的东西，这些美丽是我们生活的动力，也是我们活在这个世上的根本的理由。然而，在通往美丽的过程中，我们总会遇到各种各样的悬崖绝壁，这种悬崖绝壁有的是主观的，有的是客观的；有的温情脉脉，有的青面獠牙。我们不能向这些悬崖绝壁投降，而要敢于与它们一争高低，用热情、用智慧、用毅力叩开希望和幸福之门。

生活中总有一些人轻易地向人生的障碍物缴械。一位女孩长得非常漂亮，毕业于名牌大学，几年前她赴南方某城市发展。凭她的能力找工作很顺利，待遇也不低。然而，这位姑娘却不甘心自己养活自己，为了不劳而获，她做了一位台商的"二奶"，最后患上了性病。她的悲剧就在于不能战胜自己的物欲。

永不投降是一种无形的生命刑具，在刑具两旁，一边站着英雄和圣人，一边站着懦夫和小人。

（游宇明）

与 100 个美女约会

　　1990 年，清怡公司还是台湾一家生产女士用品的小公司，总经理刘伟 40 多岁，英姿飒爽，言谈举止中透着一股成功人士的优雅气质。那年，巴黎举办女士用品展销会，吸引了很多大公司，清怡公司虽然没有名气，但刘伟还是飞去了巴黎。

　　接待各家公司的是个叫杜克雷的法国人。杜克雷很幽默，他指着走在大街上的法国女郎说："展销会 5 天后才举办，哪位先生要是嫌闷，可以尝试一段浪漫的异国恋情。"众人大笑起来。

　　展销会迫在眉睫，他们可没闲情逸致找巴黎姑娘，都忙着宣传公司的产品。只有刘伟整天窝在房里睡大觉。一天，刘伟找到杜克雷，说要到超市买些东西，但因不懂法语，所以想要一份法语手册。带着法语手册，刘伟来到附近的超市，推着购物车，正看得眼花缭乱，突然前面蹦出个 30 多岁的法国女人，冲着他就是一阵叽里咕噜。刘伟赶紧翻出法语手册，学着说了句法语"你好"，然后习惯性地掏出自己的名片，恭敬地递给女人，那女人显得十分兴奋，又是一阵叽里咕噜，刘伟啥也听不懂，只能赔笑。女人走时，还猛地亲了刘伟一口。刘伟推着购物车还没走几步，又上来个20多岁的金发女郎，这位比前一个要文雅，可也是拦着刘伟猛说，刘伟只得再次掏出名片："你好，我不懂法语。"金发女郎收下名片，红着脸向他抛了个媚眼，扭着腰走了。奇怪的是，每隔几分钟，就有女人前来搭讪，上来就是一阵叽里咕噜，刘伟只得一一递出名片。很快就把所有名片发完了，累得刘伟腰酸背痛，夺门而出。

回到酒店，刘伟倒在床上便睡着了，隐约地听见酒店外吵吵闹闹，不一会儿，一大帮法国女人闯进他的房间，围着他大嚷大叫。刘伟赶紧叫来杜克雷，杜克雷问清那些女孩的来意，竟然仰天大笑起来，他问刘伟在超市推的是不是一辆红色购物车，刘伟说是。杜克雷告诉他："在巴黎某些浪漫的超市内，准备了三种颜色的购物车，白色车子代表普通人使用；绿色代表老年人使用，可以在结账时优先付钱；而红色车子则是代表使用人未婚，正想择偶，你可以随便与推着红车子的异性购物者聊天儿，如果你对对方有好感，就留下名片和电话，对方就认为你约了她，晚上就会去找你。"

"什么？"刘伟大叫，"我发出去的名片可有一百多张啊！"

酒店里的女人越来越多，嗅觉灵敏的记者也蜂拥而至。刘伟则苦着脸，不停向女士们鞠躬道歉，承诺为了弥补女士们的损失，清怡公司将终身为各位女士提供女士用品。这场闹剧折腾到半夜才散场。第二天，刘伟成了巴黎家喻户晓的"情圣"，展销会开始后，记者们还不断地来采访他。令人惊奇的是，清怡公司的形象不但没有因此受损，反而大受浪漫的法国人欢迎。几天时间，清怡公司就签下了几千万的订单，这比他们全年的营业额还高出几倍。几年后，清怡公司已是著名跨国大企业。

一次，杜克雷去拜访刘伟，他这才知道，刘伟年轻时留学法国，能讲一口地道的法语。"您真会法语？"杜克雷不可思议地问。

刘伟用法语说："当然，我在南特生活了3年呢。"

杜克雷不解地问："可几年前那场闹剧……"

刘伟笑了："当年清怡没有实力，也没有名气，根本没有竞争优势，可我知道浪漫的法国人喜欢什么，您现在还认为那是一场无意中造成的闹剧吗？"

（金葡萄）

有志者为何事不成

清代蒲松龄有副名联：有志者，事竟成，破釜沉舟，百二秦关终属楚；苦心人，天不负，卧薪尝胆，三千越甲可吞吴。古往今来，有志者事竟成的例子真是不胜枚举。

然而大千世界，扑朔迷离，又并非每个有志者都能成功。有一个青年朋友，立志要做中国的托尔斯泰。四五年来，他废寝忘食，每七天就有一篇作品问世。遗憾的是，除了一篇曾在厂里的小报上露面外，其他都成了老鼠的美味佳肴。

笔者不主张以成败论英雄，但是同为有志者，为何有的事竟成有的事不成？这个问题确实值得三思。我们通过分析发现，许多事业上受过重大挫折而屹立不倒的人，原先最普遍的失败原因有六条，他们只是及时发现了这些致命的弱点，并及时调整，才得以驶出人生的旋涡和险滩。不论你从事哪项工作，也不论你自己的事业为何，从下述的六条原因中你都可能发现自己受过同样的挫折。

缺少必要的知识和技能

无论你做什么，都要有一定的知识和技能，任何事业莫不以此为基础。爱因斯坦曾对一个想当物理学家的青年说，你的愿望是好的，但还得花相当多时间去学完有关的基础知识，在这之后，才谈得上向物理学深度进军。当然，知识的掌握有一个过程，要需不断积累；技能要通过实践才能提高。这中间最重要的是勤奋。

没能扬长避短

就某个人来说，一般他总是在某一方面表现出色，而在其他方面则表现平平，有时还很愚蠢。所以，当你开始从事某项事业时，你要进行全面的自我分析，给自己以诚实的评价，认清你真正的才能和限度。经过一番自我分析，你渐渐地了解到自己的长处。这时，你需要做的唯一一件事，就是拿出你的全部力量，勇往直前。如果你发觉过去一直在做一件埋没自己才能的事，那么，就应立即调整目标，从事能充分发挥你聪明才智的工作。

贪图个人私利

古人言："败莫过于多私。"个人私利是有极强渗透力的，如果你不知道该怎样处理的话，它必将把你引入失败的陷阱。如果你想摆脱私利对你的诱惑，就必须保持清醒的头脑，牢记你的目标是什么，把眼光放得更远些。要知道，你的工作不是为了你眼前的一点利益，而是为了实现你远大的理想。

不敢冒险

一般地说，成功的"捷径"大致可分为两大类：一是常被称为"冷门"的领域；二是前人未曾开垦过的"处女地"。不过"捷径"也存在着许多未知因素，也即存在着危险，一旦走人，在赢得胜利取得成功的同时，也可能使自己的既有利益失去。当然，我们提倡冒险，绝不是怂恿你盲目地蛮干。能在冒险中获胜的人，他们大多数在冒险之前，已对自己的能力，事业的可行性和得失，做过充分分析研究，他们知道哪些险可以冒，哪些险不能冒，也知道成败将给他们造成怎样的影响。

低估自己的潜力

当失败时，如果你表现得垂头丧气，失魂落魄，那在旁人眼里你就成了命中注定的失败者。在现实中，你的境况也不会好到哪儿去，因为你似乎自暴自弃了。"天生我材必有用"，这句古话说得一点儿不假。在实际生活中，你只要始终兴致勃勃地去干，那就会使自己的潜能得以挖掘。同时，还会产生一种自我的扩大感，接着自信和创造欲就会汹涌而来。请记住吧，看不起自己的人很难在生命和事业中攀登上理想的高峰。

失去求新的欲望

那些失败者，他们当中的许多人，本来可以有所作为，只因忽视了对新知识的追求，最终导致了他们扮演了失败者的角色。如果想改变这种局面，你就必须不断了解掌握一切需要了解和掌握的新知识新技术，不仅是本行以内的，还包括本行以外的。如果能做到这些，你必然会思维敏锐，眼界开阔，正确估价自己，并不断保持新的欲望，利用一切可利用的机会，永立于不败之地。

总之，人生道路并非一条通途，而是时时刻刻都有分叉。成功的机会往往就在选择之中。机会飘忽不定，凡事决策都影响到最后的成功，只要你懂得人生中失败难免，而你是个永远有选择余地的人，那就算是得到了价值无限的教训。一旦你从失败中学会了新的选择，成功就离你不远了。最后，愿青年朋友中出现更多的有志者，祝更多的有志者事竟成。

（杨玉峰）

玉

给你讲一个有关诺言的故事。

台儿庄大战那年，峄县望族苏家住进了一位姓丰的国民党军官。

临开战时，丰军官交给苏焕文老先生一块玉玺，说是明洪武皇帝朱元璋的印，乃无价之宝，让苏老先生代为保存，打完仗他来取。

苏老先生看过玉，深感责任重大，不敢接。丰军官单膝跪下说："此玉自祖上传至鄙人手上，鄙人一直视若生命，未有一分一秒不带在身上，但鄙人此去战场，生死未卜，最担心的就是这块玉落入敌手，故托于苏先生。生，我来取玉，死，玉归您。望勿推辞。"

苏老先生见他言辞恳切，不便再推托，只得收好，并许诺说："你放心打仗去吧，人在玉在，人不在玉也要在。你的玉，等你来取。"

台儿庄大战历时十余日，惨烈异常，双方军人战死无数。大战结束，丰军官却未来取玉。苏老先生叹了口气，以为丰军官已战死，把玉取出来。看了又看，不知该如何处置，想了半天，就把玉装在一只铁匣子里，在大门外挖了一个深坑埋了，又在上面栽了一棵芙蓉树。

又过了几年，峄县一带闹土匪，一天夜里，一伙蒙面恶人闯进了苏家，把苏老先生绑起来，用绳子拉到树上，点名要那块玉。苏老先生摇了摇头。

为首的土匪阴笑着在苏老先生脚下架起了柴火。

苏老先生的儿子苏树玉哀求父亲说："那位丰军官也许已经战死了，他说过，如果他死了，玉任你处置，现在你把玉给了这些人吧。"

苏老先生瞪了儿子一眼说："我答应过人家的事，就要做到，纵死无憾，记住，我们苏家衍生数百年，从未失信于人，我死后，一定守好玉，直到完璧归赵！"

苏老先生被土匪活活烧死，玉仍无恙。

转眼到了"文革"，一伙"造反派"听说苏家给一位国民党军官保存过玉，就给苏老先生的儿子扣了一顶"内奸"的帽子拉去游街，"造反派"的头子垂涎那块无价之宝，把苏树玉叫去，说只要他交出玉，就既往不咎。

苏树玉学着父亲摇了摇头。

"造反派"头子就命手下人狠狠打他，打了一夜，苏树玉已经奄奄一息，仍是摇头。

抬回家，苏树玉只给儿子苏守玉交代了一句："那块玉上有你爷爷和你父亲的血，守好玉，我们苏家不能失信于人……"就咽气了。

十几年后，苏守玉做了一家公司的老板，也知道了那块玉的价值。有一年，他做生意失败，欠下银行巨额贷款，为还债，一天夜里，他伐倒老宅门前的芙蓉树，找到玉，想卖玉翻身。

这时他想起了爷爷与父亲的惨死，想起父亲临终前的那句话，不由痛哭失声。

天明，他没卖玉，而是把传了数代人的苏家老宅卖了。

又过几年，忽然从台湾来了一位老人，几经辗转找到苏守玉。苏守宝看了他的证件，二话没说就把那块历尽劫难的玉交到了老人手上。

他只字未提苏家为了这块玉所付出的代价。

老人颤巍巍地说："孩子，为什么不告诉我你爷爷和你爸爸为了守玉而牺牲自己的事呢？"

苏守玉学着父亲那样摇了摇头说："都是过去的事了，还提干吗？再说，我们一家所做的一切，都是为了当初的诺言。"

老人老泪纵横，把玉交给苏守玉说："这块玉应该放在你们苏家。"

苏守玉坚拒，仍然把玉还给老人说："我们苏家有一块玉，那就是做人的诚实和信用。"

老人对着苏守玉跪下去。

他找回了玉，同时，他还找到了比玉更无价的东西。

为了一句话，为了一块玉，苏家三代人，历经半个多世纪的磨难，置生死于不顾，终于实现了自己的诺言。

读完这个故事，你有何感想？

不要以为这个故事是我杜撰的，生活中你也可以遇到。诚实和信用就是一块无价可估的玉，为了它，你应舍命相守。因为，一旦失去这两样东西，你将一无所有。

（程咏泉）

普通人怎样成功

西奥多·罗斯福有句名言："普通人成功并非靠天赋，而是靠把寻常的天资发挥到不同寻常的高度。"可以这样归纳普通人成功的经验：

一、学会自我约束。一位使数家"疲软"的医院生机再现，因而美誉遐迩的医院院长对我说："成功哪是靠什么天才，有一大瓶胶水就够了，往你裤子上抹一把，再往你椅子上抹一把，然后就坐下吧，不干得如花似锦你就别起来。"这话正道出了普通人成功的诀窍：养成自律习惯，执着于目标，把"摘桃子"的时间推迟，最终却能得到最大最甜的蜜桃。而许多"天才"的弊病却在于期望过高过急，指望唾手可得仙桃，一旦受挫便怨天尤人，意懒心灰，反倒连青桃也没弄到。

50年前，一组研究者对几百名大学男生做追踪调查，了解他们的人生之路。结果发现，上学时的学习成绩同他们以后的成就并无多大关联。而某些素质，如执着、可靠、眼光现实和富于条理却更为重要。此外，还有个举足轻重的问题：能否将生活享乐推迟——

而非提前。

二、打下知识基础。很多"天才"易失之于好高骛远，虽志盖日月，却腹内空空，终难心想事成。普通人却不会梦想一步登天。他们从头开始，拾级而上，步步坚实，在攀登过程中不断积累经验。

三、掌握专门技能。哈佛大学心理学家霍华德·加德纳发现，标准智商测试只能测两种智能：数学和语言智能。而实际上，人的基本智能至少有7种：数学、语言、音乐、空间感、运动感及两种社会生活智能——理解他人的能力和把握自身七情六欲的能力。所以智商并不能全面反映人的智能。国际商业机器公司总经理之子托马斯·沃森从小就是个末流学生。同他声名显赫的父亲相比，他简直算是委琐者。他读公司的商业学校时，各科学业全靠一名家教的大力扶助才勉强过关。后来他开始学飞行，却意外地有种如鱼得水的感觉，发现驾驶飞机对他竟是那样得心应手！这使他获得了很大自信。而这一成功又进而把他引向更大的成功，第二次世界大战时他当上了一名空军军官。这经历使他意识到自己"有一个富于条理的大脑，能抓住重要东西，并将它准确地传达给别人"。沃森最终继父业成为公司总经理，使公司迅速跨入了计算机时代，并使年盈利在15年里增长10倍。

四、善用他人智慧。某制镜公司的总经理坦率地说："我成功全基于别人的智慧。我寻找那些才华出众又善于自律的人，同他们发展友谊，使他们对我忠心。我妥善聘用他们，管理他们，待有了成果，再共同分享。"

而许多"天才"却由于自我中心意识作梗，难以容忍同别人分享成果。其实，合作往往是成功的关键。一位女企业管理专家说："我手下人大都比我更有才华，我只是知人善任而已，让他们能协力同心，把活儿干好。"令人吃惊的是，她把握到用人的窍门，却是因女儿的疾病。她是位单身母亲，女儿从小染病，多年来她常跑医院，同小儿病专家们打交道。她多次发现，会诊时五六名专家坐在一起，意见却难得统一。于是她感到自己得参加进去，把他们引向同一轨道。"这既是协商，也是谈判，尽管他们医术比我高明，我却更懂得怎么使他们意见统一。"后来她从事企管，发现这门艺术同样适用，同样珍贵。

五、信守诺言。我家乡一位著名律师对我说："我成功全靠信守诺言。如果我向顾客许愿某材料将在某时备好，我一定如期兑现。这品格而今太罕见，如果你有这条，人们简直会把你看成天才！"

多年前，3个女人在西部某地合办了一家室内装潢公司，刚开始公司规模很小，技术上也没啥独创，但她们很讲信用，答应用户的业务必及时保质完成。在经济萧条时期，很多同类公司都相继破产，她们却始终以"可靠"和"守信"立身，竟安然闯过难关，日益繁荣起来。到去年时，公司资产已超过200万美元。

六、视失败为动力。中年妇女西尔维亚·厄尔德曼各方面条件都极寻常，学生时代就是个雷打不动的中等生。42岁时她受聘于某香水公司，任部门经理，但仅干了7个月就被炒鱿鱼。她感到仿佛"鼻子上冷不防被人揍了一拳"。气愤之余她决定自闯天下。正巧有位出版社的朋友请人向美容界拉广告，她立刻揽下这活儿，八方奔走地干起来。仅两年工夫，她已成为此行的佼佼者，收入数倍于当初任部门经理。这经历使她感到，失败未必就是坏事，它也可转为动力，促使你干得更漂亮。

　　生活中真正的强者是那些怀着热情和自信，昂首迎接生活挑战的普通人。亚伯拉罕·林肯貌似平凡本可能被社会埋没甚至毁了，因为他不仅出身贫贱，外表也不好看，但他却一步步走向伟大，并赋予"普通人"以新的含义和高贵的地位。这正如他本人曾说的："上帝一定很爱普通人，因为他创造了那么多普通人！"

（石瑞华　编译）

当年曾是差等生

　　不久前到一位朋友家做客，人到中年的朋友事业正盛，拥有了同龄人中该有的一切。闲聊间从工作扯到家事，从家事扯到子女，朋友说他现在没别的不如意的地方，唯一美中不足令他头痛的是那正读小学四年级的儿子，自打上学那天起，几乎年年都是班里的差等生。说着说着朋友便气不打一处来，干脆把儿子从里屋唤出来，当众一番训斥，尔后朋友把儿子拉到我面前，说让我这个名牌大学毕业的机关秀才好好传授一下过去的成功经验。望着朋友诚挚的目光和朋友儿子因羞愧而涨得通红的脸，我内心猛地一颤，不禁想起自己少年时代艰辛的求学往事。朋友哪里知道，当年的我也曾是一个不折不扣的差等生啊……

　　13年前，12岁的我被在城里工作的舅舅从农村带到一所有名的县直小学读书。父母的初衷是想把我送往城里接受比农村条件好得多的教育，但他们根本没考虑到我在乡下受到的启蒙基础哪里能和城里同学相比呢。插班的结果使我成为班里乃至全校的差等生。

　　家长喜欢的是听话的乖孩子，老师偏爱的是那些成绩好的学生。

作为一名差等生，那时的我除了打扫卫生表现得异常积极外，其他时间成了老师和同学眼中最不受欢迎的人，也成了全班最孤独最受冷落的人。不管是课堂提问还是黑板演答，老师从来不提问我，我蜷缩在教室最后一排的墙角位置，只是每次考试之后老师在最末一个念到我的名字时，才足以证明我还在这个班里存在着。我习惯了同学的斜视，也习惯了老师的批评，我害怕上课恐惧测试如同老鼠怕碰到猫；我羡慕成绩优异的学生如孤儿渴望得到父母的宠爱。

使我后来发生改变和离开那所校园的原因是因为一次上级组织的教学考核。那年冬天，省里派人到各县小学进行教学示范课考评，作为县直属重点学校，我就学的那个小学和那个年级理所当然地被列入抽考行列。为了防止失误，学校和老师提前一周便把要抽考的内容告诉每个学生死记硬背，并一遍遍地反复演练。

抽考那天下着雨夹雪，空气冷得出奇。当我和许多同学一样早早赶到学校，刚刚忐忑不安地坐到教室，屁股还没把板凳暖热，班主任宋老师径直就走到我面前，说今天校长特批我一人一天假，让明天再来上课。我当时就意识到，因我是差等生，老师怕我答不好拖班级的后腿。于是，在全班同学叽叽喳喳的议论声里，我顶着雨雪踉踉跄跄朝住宿的地方赶。

回到舅舅单位时，舅正和同事下着象棋。见我提前回来，舅问我为何今天上午回得这么早，我不敢告诉他提前回来的主要原因，只说是学校放了假。那位同事的女儿和我在一个学校一个班级读书，舅便问同事的女儿上学没有，同事说那丫头一大早便背着书包上学去了，根本没听说有放假这回事。舅早就闻知我学习不好，父母把我送来前也多次嘱咐对我要求严点，于是，舅便以为我是不愿上课故意骗他，于是猛地从板凳上站起来，对着我的脸就是一记耳光。我头脑一片空白，满目的金光闪烁，鲜血像我头上淋过雨雪遇暖后又溶化的水，顺着鼻孔无声地流着……不解气的舅丢下瞪大眼睛呆望的同事和那盘没下完的棋，拧着我的耳朵匆匆朝学校奔。

来到学校，正赶上省里抽考我所在的那个班，舅被我的班主任宋老师堵在了教务处房后的雪地上。舅问宋老师我早退的原因，也许我平时给她添了太多的麻烦，也给她担任的班级抹了太多的黑，她列举了我作为差等生该有的一系列不是，最后不耐烦地对舅说：你的外甥叫"根成"，我看他根本不像那种能够成才的聪慧孩子，还是让他别上了吧，免得给学校和家长都带来负担。舅在单位是个向来受人尊重的不大不小的官，面对老师的数落，他竟因为有我这么一个差等生的外甥惭愧得大半天搭不上话。

那年的冬天好冷。回来的路上舅把我的头抱得紧紧的，我凝成绛紫色的鼻血染在舅洁白的毛线衣上像火一样的殷红、殷红。

后来，我不得不离开县城那个令我刻骨铭心的小学校园，回到家乡农村继续读书。后来继续读书的我靠自己拙笨的脑袋和勤奋的态度慢慢甩掉了那顶罩了我多年的差等生帽子，一步步从小学读到初中，从初中读到高中。再后来，差12分高考落榜的我从戎军旅后被部队一所有名的重点院校新闻系录取，大学毕业成了一个政治机关里的年轻军官。因为我的热情能干常常赢得领导的赏识，因为我工作之余还能在大大小小的报刊上发表些或长或短的文章又颇让同事刮目相看。

这些日子，我多次回乡探亲过，多次路过家乡的县城，也多次想到那所熟悉的校园看看，但每次来到学校大门口都不禁停住脚步。有次我正呆呆地朝里望时，那位教过我的宋老师从里面推车朝外走，她扫了我一眼，没认出我是谁。十多年匆匆逝去，她教过太多的学生，或许早已淡忘了我这个当年默默无闻的差等生了。

光阴似水。许多日子随风飘去，许多往事烟消云散，生活除了让我走向成熟，也让我慢慢学会体谅他人尊重他人。对于那位宋老师，今天提笔写这篇拙作没有丝毫的责备和抱怨用意，只是希望普天下的父母们不要一味地埋怨自己的孩子不如人，做子女的哪个不想成龙成凤呢？更希望所有从事"太阳底下最光辉的事业"的老师们，在追求高分眼盯优等生的同时，也分一半爱心给那些成绩不好的差等生。作为每一个求学的学生，谁不梦想自己有过目不忘的记忆聪明过人的智力呢？差等生也是学生呵，今天的差等生经过努力拼搏之后或许正是明天的优等生！

（李根成）

为自己创造机遇

如果在我们的面前有一条走向成功的坦途，固然可喜，可惜对于多数的人来说，却非一帆风顺，于是有些人便期待着机遇的出现，一旦不能如愿，就会不停地抱怨命运的不公平，结果耽误了自己的大好时光。其实，许多成功人士在起步之初处境并不会比我们好多少，他们的高明之处便是善于在困境里替自个儿创造机遇，从而改变自己的命运。

即使你天生就处于最劣势的位置，又没有任何的社会背景，你也不要失望，这时最需要的是对自己向往的目标、自身的处境以及所处的环境做通盘的考虑，寻找到一个最佳的突破口，把机遇的主动权攥在自己的手中。前不久，我在地处闽北山区的一个小山村里采访了一位名叫徐金水的企业家，他今年才30岁出头，已拥有百万家产，而且作为村主任，在他的带领下，所在的村已由昔日的一个省级贫困村变为家家有摩托的富裕村。而他当初的处境绝不会比我们现在好，他之所以能取得成功，完全是因为自己善于创造机遇。

徐金水初中毕业后，回到了自己那贫困的山村里，他的家与其他人家一样一贫如洗，全家9口人靠着父亲在几亩地里耕作来维持，按这情形来说，徐金水该是陷于极度的绝望之中了，自己仅是一个初中生，又没有背景，这辈子看来没什么大奔头了。但他并没有对自己的前程失去信心，他要设法为自己创造一个机遇。经过再三的思考，他认为到村里作通讯员，既能从最基层做起，积累自己人生的经验，又可以因为工作的关系结识较多的人，从而帮助自己从这近于封闭的山里走向外面的天地。于是他找到了村里的支书，频频恳求，讨到了通讯员这个别人未必看好的差事，然后勤勤恳恳地干活，该做的做好，不属于他做的事他见到了也努力地做好，很快就得到村与镇两级领导的赞赏。这时又遇上了发展经济的好时光，他在工作中学到了许多有用的东西，开阔了视野，掌握了很多的信息。过了两年，他被任命为村支书，机遇之神终于垂青于他，于是他带头致富，而后又利用自己的经验带领全村的人走向富裕之路。现在他已拥有多家企业，而且深受各级政府的好评，成了颇有名声的成功人士。

　　像徐金水这样白手起家，善于创造机遇，替自己打开发展的局面，我们并不难做到，那么我们又有什么理由因为自己处在劣境而悲观绝望，不去改变自己的命运呢？

　　而有时当我们正在从事一些很平凡的工作时，似乎机遇不可能一下子就来到我们的身边，可事实上由于我们的努力，提高了自身的素质，从而奠定了良好的基础，那么机遇之神也会悄悄地来到你的身边，让你踏踏实实地步向心中的目标。年轻的房地产商王洪的经历将告诉我们这个简朴的道理。

王洪从一所大学的建筑系毕业后，分配到他所在县城的一个机关工作，枯坐了几年，觉得就这么无所事事地干下去没有什么意思，便下定决心闯荡。但他既无可利用的社会关系，又没有资本，如何做起呢？他只好先随一个在省城做包工头的远房亲戚做工，从中积累经验，然后再谋发展。他放下大学生的架子，去做本来只是小工做的活，并且力求把这些小事认真地做好。有一次，在省军区的工地上，天已快黑了，别的工人已收工去吃饭，只有王洪一个人还在工地上，用锤子把一根根的钢筋敲直。这时，刚好有位副司令员路过，看见这个斯文英俊的小伙子这么认真地做别人将就着应付的事情，便与他聊起来，得知他还是一个大学生，本有一个不错的"铁饭碗"，就认定他是一个可造之才，有心要扶持他，便问他能不能接工程，王洪也很实在地告诉副司令员，太大的项目还缺少经验，但小些的工程还是有能力做好的，于是副司令员交给他一个小工程。从此，王洪开始发展了起来，经过十余年的努力，今日终于成了颇有实力的房地产开发商。

我们往往以为机遇难寻，所以总是背着沉重的行囊到处寻找；我们也误认为机遇需要靠别人赐予，因而常常低着头向人乞求。其实，只要我们自身努力，也能创造或寻找到机遇。

（林润瀚）

赞叹贝多芬的自尊

贝多芬与歌德于1812年夏季在捷克泰普里茨相会。一天，他们手挽手地散步，归途时，远远望见皇室全家在群臣簇拥下迎面走来。歌德不顾贝多芬的劝阻，忙着脱帽躬腰退到路旁，面部显现出谦卑的微笑。贝多芬意识到，无论他再说什么都是徒劳的，于是便按了按自己的帽子，紧了紧外衣的纽扣，背着双手，抬头挺胸地面向皇族、大臣们阔步而去！皇太子鲁多尔夫首先向他脱帽，紧接着，皇后和群臣也纷纷向艺术大师致敬，并为他让路。贝多芬穿过人群后，停住脚步等候歌德，只见歌德正在那里毕恭毕敬地向权贵们逐个鞠躬。事后，贝多芬痛心地对歌德说："我等您是因为我敬重您，您是值得敬重的，但是您对于他们却过分尊敬了。"

贝多芬却以他高贵的自尊保持了人类应有的那一份尊严，让人们无比敬佩，使人们引以为荣，被人们传为佳话。这也说明了一个人在各种场合都能保持自尊是多么的不易。

贝多芬的自尊是无时不在的。他在维也纳时，曾得到季希诺夫斯基公爵的照顾，可公爵竟把他当作是一件可以炫耀的"家宝"，要他为侵略军演奏，被他拒绝了。公爵感到下不了台，亲自去请他，并毫不掩饰地表白自己平日待他有恩。被激怒了的贝多芬认为这是公爵对他人格的侮辱，于是冒雨冲出了公爵的庄园，一回到家就把公爵送给他的胸像摔得稀烂，并给公爵写了一封信："公爵，你之为你，是由于偶然的出身；我之为我，是靠我自己。公爵现在有，将来也有的是，而贝多芬却只有一个。"

贝多芬很崇拜拿破仑，1804年春天，他写完《第三交响曲》，亲自签上了"波拿巴"。意思是这部乐曲以拿破仑为题材，同时也是献给拿破仑的。但不久便传来雾月政变的消息，拿破仑把法兰西共和国改为帝国，并自称皇帝。贝多芬气愤之极，高声骂道："凡夫俗子！暴君！"把那份签上字的乐谱封面撕得粉碎，当即改了一个标题：《英雄交响曲——纪念一个伟人的遗迹》，在他心目中，拿破仑已经死去。贝多芬追求正义，崇尚真理，不迷信个人，同样表现了他独立的人格和超凡的自尊。

贝多芬当年的自尊至今仍能使人怦然心动，因为自尊是人类一种最原始、最崇高与最神圣的情感，很容易引起人们心底的共鸣。值得庆幸的是，在我国历史上，也有一些贤人、名士能在这方面与贝多芬相媲美。魏晋时代的散文家、诗人嵇康对司马王朝深恶痛绝，情愿以打铁糊口，也不愿与统治者同流合污；晋代大诗人陶渊明在江西彭泽当县令，因看不惯官场腐败，"不为五斗米折腰"，辞官回乡耕田种地；日本帝国主义侵略我国时，国画大师齐白石封门拒官；

京剧艺术大师梅兰芳蓄须明志不为日伪演戏。他们视自尊比生命还重要的品格对我们今日做人不无启示和触动。然而，我们不能不看到，如今有相当一部分国人似乎已经变得麻木，已不太在乎什么自尊，甚至把无价的自尊也推向了市场，说什么"自尊多少钱一斤？"在他们看来，只要有利可图，自尊这玩意随时可以出售，就像自由市场上的青菜萝卜。于是乎，一幕幕"人间丑剧"出现了：造假货卖假货者有之；说假话虚报浮夸政绩者有之；公开伸手要官要待遇要荣誉者有之；卖官卖身卖国家机密者有之；在公共场所亲吻搂抱旁若无人者有之；甚至"认狗作父"者居然也有之。过度地丧失自尊，失去的不仅仅是自己的形象、自己的人格，而且会失去自由，甚至失去生命，从若干身陷囹圄者身上是不难找到例证的。

更紧要的是，人有了自尊心，才可能有上进心、事业心、爱国心。倘若连自己的自尊人格都不顾，又怎么可能去讲国格维护民族的利益呢？一个缺乏自尊的民族是很难强盛和不受外来民族欺侮的。

自尊是一个人思想修养的自然流露，是灵魂铸造到一定程度的果实，非金钱所能购买，非"后门"所能取得，非权力所能支配，非国外所能"进口"。要像贝多芬等杰出人物那样保持自尊，关键在于提高人的精神素质，加强国人的文化修养和道德修养，不断净化易被污染的心灵，脱离低级趣味，超越世俗陋习，塑造成为一个"高尚的人""大写的人"。如此，我们的民族才会充满希望。

（李秋生）

怎样帮助孩子摆脱害羞

害羞一般是从童年开始的，从最初时起，就可能产生消极后果。随着孩子长大，新的挑战，比如与同辈人的关系，可能会影响害羞习惯的养成。缺乏自信心的孩子可能会对上学这种新的经历感到畏惧；他们可能会感到为难或感到自己不行。教师或许会给孩子戴上"害羞"的帽子，使孩子无意中养成这种习惯。然后还有青春期，身体的发育和发育期情绪的不稳定可能会加重孩子的难堪感和不安感。

父母的责任和作用都是重大的。在父母的支持下，就连生来就害羞的孩子长大后也可能成为彬彬有礼、信心十足的成年人。措施如下：

接受自己的孩子害羞这一事实。儿童是极端敏感的。如果父母认为害羞是一个缺点或者一件令人难堪的事情，孩子是会察觉到父母的这种看法的，因而会更加内向。父母应当让孩子放心，他们是永远爱孩子的。

不要用"害羞"这种标签。如果你必须给孩子贴上标签的话，要用"不爱说话"来形容孩子。

要对孩子表示同情。害羞的孩子往往很孤单。父母必须设法向孩子表示，他们了解和同情孩子的问题。在可能情况下，讨论孩子的感情问题，使之认识到，如果直面自身的恐惧心理，将会创造多么大的奇迹。最重要的是，不要迫使孩子陷入紧张的局面。

要鼓励孩子。要要求孩子参加同龄人的集体活动，并提供这方面的机会。鼓励孩子邀请小伙伴们来家里玩耍。让孩子参加娱乐小组或其他组织。

只在紧急情况下才助一臂之力。一些专家说，对害羞的孩子来说，父母亲应当扮演感情救生员的角色。虽然袖手旁观，不管孩子的痛苦可能是违背父母职责的，但是，专家们说，这往往是帮助害羞的孩子解决生活中难题的最好办法。

尝试生活演练。鉴于害羞基本上是现实生活中的怯场，所以要帮助孩子做到有备无患，并同孩子讨论如何处理新的情况。

（华英　编译）

全部付讫

母亲正在做晚饭，小男孩走进厨房交给她一张纸条，上面写着：

割草：$5.00；

本周打扫房间：$1.00；

替你去商店：$0.50；

你去购物时照看弟弟：$0.25；

把垃圾拿出去：$1.00；

获得优秀报告卡：$5.00；

清理收拾院子：$2.00；

总计：$14.75。

母亲拿起笔，把纸翻过去，写道：

你在我肚里成长，我载着你的九个月：不收费；

所有我照顾你熬的夜、为你看病、为你祷告：不收费；

多年来艰难时刻为你流的泪：不收费；

充满惊吓的夜晚和为你担过的心：不收费；

为你买玩具、食物、衣服，为你擦鼻涕：不收费；

你把这些加起来，儿子，我爱你的代价是：不收费。

小男孩读完母亲写的话，眼中闪烁着大颗的泪花。他扬起头盯着妈妈，说："妈妈，我肯定你确实爱我。"

他接过笔在纸上写道："全部付讫。"

（沈畔阳　编译）

四步，实现你想要的成功

2004年夏天，我认识了出租车司机汤尼。他是印度人，读大学时学的是海洋生物专业，到美国后，因为没能找到与专业相关的工作，所以开起了出租车。开出租车的收入不错，但他说："我希望将来做得更好。"

像大部分人一样，汤尼认为，为了实现目标，需要培养人与人之间的关系。汤尼喜欢跟顾客聊天，但他不想打扰他们。我力劝他尝试主动跟顾客聊天。汤尼这样做了。这样，顾客们不仅喜欢汤尼，还把汤尼介绍给了他们的朋友。不久，他有了一长串常客，然后他买了自己的车。两年后，他又买了第二辆车。由于忙不过来，他雇了一位朋友来帮忙。

我们每个人的体内都埋藏着一颗创造奇迹的种子，我们的人生就是让它发芽、生根，直至长成参天大树。我本人就是一个最好的例子。我的父亲是一名钢铁工人，母亲是一名清洁工。每次下班回家，父亲的手都很脏，且常带着伤痕。他对我说："凯斯，我不希望你走我的路，我一定要让你得到最好的教育。"我的父亲虽然不认识他公司的总裁，但他敢于毛遂自荐，并提出他的建议。总裁赏识我父亲的勇气，因而利用他的影响为我争取到了一所最好的私立学校的奖学金。后来，我进了耶鲁大学和哈佛商学院深造。现在，我成为财富500强里最年轻的首席营销官。

你也可以实现你的愿望，只要你去付出，而不是等待。

我想做什么

詹尼斯是一位网页设计师，怀上第一个孩子后，她打算建立一个有关孕妇的网站，让孕妇们互聊心得，互相帮助。但她心里没底，不知即将迈出的这一步是否做对了。"我知道我应该开心，我很怀疑那样做值不值得，所以我很矛盾。"她说。

我想做什么？这是一个简单的问题，但我们许多人都不能肯定。

你曾用望远镜观察过东西吗？你找到了一个观察目标，然后盲目地调整距离。首先，太近，然后太远，调整再三才合适。如果你想看别的东西，这个程序又得重新开始一遍。人生的选择很多时候就是这样，需要做多次调整才能确定。目标的设定是同样的道理。如果开始时你确实不知道究竟想做什么，不要担心。只是，你不要犯一开始就死认定某个目标的错误。有时答案很简单：只是挑选东西。

《改变你的工作方式》的作者迈克·格斯丹博士建议："为了向前看，先向后看。"在一段时间之后，审视你所从事过的工作，并且给每一次工作评分。方法是：列一份-3到+3等级的清单。标记-3的意思是"如果我永远都不再做这个，我会有一种如释重负的感觉"，标记+3的意思是"我可以一天做这个，并且我迫不及待地想去再做一遍"。一旦你找出重复出现的主题，你也就找到了今生要追求的目标。如果你仍然迷茫，那就问自己两个问题：如果我没有实现它，我真的会感到遗憾吗？如果我实现了它，是否真的找到了人生的方向？不要害怕心怀大的梦想（小的梦想也要去追求），不要让别人限定你的成功。

一旦你知道你想要的，只要跟随以下三步就能实现它——

改变太过自我的行为

约翰·戈麦斯是我公司的一名职员，做事有些懒散，并且不愿与其他人合作。我打算找他谈谈，但是我不会对他说："约翰，你的表现令人无法接受。"

在我诊断他的行为后，我找来了约翰的几个工友和约翰的直接上司。他们和我一起讨论，应该对约翰说什么以及如何去说，铺一条富有成效的路让他去走，以使他改掉太过自我的毛病以及不拖他所在部门的后腿。结果，约翰改变了自己的行为，并成为一个出色的团队队员。

正如你可能不知道的负面行为让你倒退，你可能忽视能推动你前进的优点，找出你的长处就像列举你的弱点一样重要。因为无论喜欢与否，你都要被这些相对的力量所影响。

我总是开玩笑说，如果你无法想到一种你想要改变的行为，我敢肯定，你的配偶或值得信赖的朋友肯定会对你有意见，然后帮你找出来。这一切的特质是什么呢？因为一个弄巧成拙的行为会让你失去一个机会。相反，发现和克服一个不良的行为后，你会获得他人对你的重视。

表现你的宽宏大量

琼正面临被她供职的一个小市场营销公司解雇的危险。她是一个互联网领域的精英，一个非常追求完美的人，以至她总是试图掩盖她的错误。她要求老板接受她的建议，如果意见不一致，就与老板争论。在面对即将被解雇的危险后，琼知道她需要自己挽救自己。她决定创建自己的网络营销公司。

在起步阶段，一个"网络营销团队"大约只需五个人，五人组合的工作效果会最好。选择人员要考虑选择不同的背景的人：可以是你的垒球搭档，也可以是你的会计师，或者其行为与态度令你欣赏的人。一个不同背景的人员的组合不仅会想出创造性的解决办法，他们更有可能连接上你无法访问的人脉关系网络。

取得团队成员对你的信任的诀窍在于倾听他们的批评。当然这并不容易做到。琼就经常和她的团队争论。终于，一个成员对她抱怨说："你看，你征求我们的意见，但总是不同意，那就不值得我为这个团队付出努力。"

　　一句话，你的宽宏大量就是使整个团队运转的燃料。在表现你的宽宏大量的时候，其实你已经为建立长期的合作关系奠定了基础，并且我保证你会得到积极的回应。

　　我们的琼就是这样。学会了宽宏大量后，琼和她的团队拧成了一股绳，她的网络营销业务因此发展得相当好。现在，已经获取一定资金的她正在建立一个令客户满意的投资组合，并且，据说她从未这么开心过。

制订计划与实施计划

　　我的朋友迪安．阿尼斯博士告诉我，根据他的经验，大多数幸免于心脏病发作致死的人，最终都会因为同样的坏习惯再次回到手术台上。他说，甚至死亡的恐惧，也不足以使他们改变根深蒂固的习惯。

　　但是，一旦人们认识到他们可以有一个更好的生活，他们就会积极改造自己的坏习惯，因为他们也渴望成功。渴望成功的心理驱动他们去积极追求他们的目标。这非常类似一个商业上的著名说法：可衡量者可管理。也就是你测什么指标，员工就会努力完成这个指标。那就是减肥的人坚持每天称体重的原因。

　　选择你的一个目标，并问问自己，在未来的60天，我需要做什么才能让我感觉到正走在通往成功的路上。在进取目标之前最好跟你的家人或者朋友甚至是你的老板讨论一个可行的方案。如果你想要晋升，跟你的老板谈，采取什么行动才能如愿以偿。

接下来，按实施计划的方案付诸行动，并且在规定的时间审视你已经付出的行动。在开始时，每周一次跟你的团队谈你的进展。当你获得更大的信心，把检查进展情况的时间扩大为30天，然后60天，接着90天。

如果你的重点随着时间的转移而转移，不要感到惊讶，那是正常的。每隔三至六个月，重新评估你的目标，重新考虑你的计划。并且把那些新的可行的方案纳入你的计划。

记得前面提到的詹尼斯吗？她从矛盾中走了出来，认为自己的行动将是帮助其他孕妇的一个机会。她建立的网站，现在已经成为一个充满活力的互动在线社区。并且，好几家孕婴用品的代理商相继在她的网站投放了广告。詹尼斯实现了自己的梦想，也收获了可观的财富。

我的父亲常说："别总假设'如果什么，就什么'。"你有梦想，而且你已经有了计划，你还等什么呢？

（庞启帆　编译）

维他命的奇效

啤酒厂要倒闭了，老板急得团团转，但是无论怎么改进品质，业务还是难有起色。

"在啤酒里加入维他命，并在瓶上标明。"老板的朋友建议。

老板照做了，果然生意大为改善。没有多久，厂子不但渡过难关而且扩厂生产了汽水，只是汽水与以前的啤酒一样，打不开市场。

"在汽水里加入维他命，并在瓶上标明。"老板的朋友又建议。

果然汽水也大为畅销。

"为什么维他命这么神妙呢？说实在的，我加进去的量，根本微不足道。"老板问他的朋友。

"这还不简单吗？当人想喝酒，却又内心矛盾时，他会告诉自己喝的不只是酒，更补充了有益健康的维他命，于是矛盾消失，啤酒畅销。

"至于汽水，当孩子要喝时，父母常会说，何不喝较有营养的果汁，灌些糖水有什么用。这时孩子则可以回嘴讲，这里面有维他命，跟果汁一样，于是阻力减弱，汽水畅销。"

老板的朋友说，"人们做事，常爱找个借口或堂而皇之的理由，以求心安，我只是教你先帮他们找好借口罢了！"

（刘墉）

态　度

一个人对着山谷大声喊："我恨你、恨你、恨你。"

山谷回答他："我恨你、恨你、恨你。"

一个人对着山谷大声喊："我爱你、爱你、爱你。"

山谷回答他："我爱你、爱你、爱你。"

山谷是公正的，分别给予了他们不同的答案。

其实是一个答案。山谷所能做到的，便是忠实地将你的声音放大，再反射回来，通过敲击耳膜震动你的大脑。在你警觉的刹那，山谷便微笑了：世界对你的态度，不是来自世界，而是来自你对世界的态度。

（羊白）

守在原地，追光绽放

　　那时候，大学生们都还没有手机，比较流行的交流方式就是写信。刚进大学的她，给许多同学写去了信，其中有一个，迟迟没回信。

　　后来才知是她把地址填错了，只是没想到，春天来时，那个错的地址来信了。陌生的他说，那信搁在宿舍里太久，怕寄信的人挂念，就给寄了回来。

　　简短的信里，有一种细腻，她觉得暖，于是去信道谢。信再来，信再去，渐渐地，彼此就有了牵挂想念。

　　一年后，城北的她和城南的他见面了。不是惊喜，是一种仿佛由来已久的默契。他们聊天、行走，累了后就去看了一场电影。

　　他们不再写信，因为每周末都见面，而每一次，他都会带她去看电影。

　　每每看过电影的那个晚上，她总是会拥在被子里独自静静地笑，直到笑得都觉得那种大团大团花朵的被面像是一场电影。

　　两年后的那个暑假结束后，她提着带给他的特产去找他时，有人说他实习去了。她回校等他的信，一直等到寒假。

宿舍里，只有她一个人了，她的东西也早收拾好，但因为还没收到他的信，所以不肯走。

她不急，也不怀疑，只是每个下午都会去看电影院的下午场。影片好不好没关系，她是喜欢电影放映机的神奇，觉得它的灯光是世上最神奇的花朵，它的每一次绽放，都是一个故事，而看故事的人，也是有故事的，比如她。

仿佛是有先知的，他的信果真就在她留下的第11天来了。她捧着它，心快跳出来，原来他是跟着一个地质队进山了，那里没电话，而一封信也走了这么久。

半年后，他留在了那个地质队。他又回到从前，给她写信，但由于他终年在外，居无定所，她回不了信，所以每每看完他的信后，她就去看一场电影。

寂寞但从不孤单的她，独自看了一百场电影后，也毕业了，回到了家乡小城。本来是学中文的，家里也有关系能帮她进好单位，但她坚决要去电影院。

她做了一名普通的电影放映员。没有更多的原因，就是爱，因为他可能暂时还无法稳定下来。在等待的日子里，那些爱，她要怎么去挥洒绽放呢，她想在一个又一个电影故事的绽放里，或许有寄托。

由于工作认真，年底考核，她被评了优，奖品竟然是一套花开富贵的床单和被面。

她高兴，通过他们测绘院里的电话，找到他所在的村，和他通了电话。虽然远在千里之外，但她还是抱着奖品坐火车到了他那里。

在他简陋的临时宿舍里，她把一垫一盖的花开富贵铺好，在烛光中微笑着，邀请他也到花朵中间来。那个除夕，很安静，他们在花朵里绽放了。

优秀的人总是被挽留。第二年，第三年，他忙得依然只有在年假里，才能在他的临时宿舍里抱紧她。她不怨，每年去他那边，都会带上一套她精心挑选的花开富贵的床品。回来后，又安静地放她的电影。

第五年的时候，她与他竟然失去了联系。再没信来，也没有电话。她打电话到院里，院里只说半年前他所在的那个地质小分队归入了别的院属，至于再怎么分配的，情况不太清楚。

她哭过，但依然安心地等着。只是每年的春节，她再也不敢去买那种床品。

几年里，她经历了一个小城电影院的衰落始终，但是她每天播放一部电影的老习惯，却没有停止。有时候，电影院一个人也没有，她也放，熟了又熟的老片，被她看得满眼是泪。

30岁那年，她突然想给自己再买一套床品。新年前两天，她去了市里最大的那家家纺店，向导购员问那种花开富贵的被单。导购员笑着说，您要的那种，我母亲现在都不用了。

她尴尬一笑，突然想起几年前母亲说某个小作坊可以定做，正要走，却听到那边一个声音对着电话说，大良，真的，没有你说的那种大朵大朵花的款式。

她的心里一缩。

她捂住狂跳的心，急急地走过去，对那个人说，我可以带你去一个地方定做。

那一声"大良"，就是这些年来，在她心里如花般绽放的大良。身边的这个女子，是大良的表妹。她说几年前大良在山里勘测爆破时，遇到意外，双眼受伤，一直在治疗，如今已经治到可以判断白天和黑夜。

她哭了，原来他如同自己思念他一样。她坚持不让表妹付款，一下子订了足够她和他盖垫一生的花开富贵。

几天后，她带着它们来到他那里。她看着他，没有询问，没有责怪，只是握紧他的手说，大良，我们终于可以永远在一起了。

结婚后，她决定再也不放电影了。因为整整十年来，不管是作为观众还是放映员，她一直孤单地绽放在两千多部电影的后面，就是为等她人生电影的男主角。如今她等到了，所以，她可以开始导演她真正的电影了。

（施施小妆）

拥有一颗乐观的心

　　罗德尼经营他的村中小店已经20年了，有一天，有人问他生意怎么样。"是啊，"他沉思道，"我没发什么财把它关掉，也没赔什么钱把它放弃，但我希望今年再开一个店。"

　　这使我想起有一年在一场大火中店铺全部被摧毁的一个人，他第二天来到废墟现场，手里搬着一张桌子。他把桌子放在烧焦的瓦砾上，在上面竖起了一块牌子："什么都没了，除了老婆、孩子和希望——明早照常营业。"

　　这样的乐观真值得羡慕。

（沈畔阳　编译）

用信念点亮人生

　　"大家好！我是来自中国科学院研究生院的杨佳。如果说我和大家有什么不同，那就是大家看得见我，而我看不见大家……"这是盲人教授杨佳演讲时的开场白。

　　1978年，15岁的杨佳考入郑州大学，是班上最年轻的学生；22岁考入中科院研究生院并成为该院最年轻的讲师……一路走来，阳光灿烂，五彩斑斓。

　　然而，命运却跟她开了个残酷的玩笑。1992年，杨佳出现视神经病变，经医生诊断，失明将不可逆转！终于，在一个早晨，杨佳睁开眼睛，看到的是一片漆黑。那一年，她29岁。随之而来的是婚姻家庭的破裂。丈夫走了，还带走了心爱的女儿。

　　该怎么办？她苦苦思索。不能在孤寂中沉沦，要在困境中重生！于是，在父母的帮助下，她像个婴儿一样，一切从头学起。用吸管喝饮料，吸管却戳到了眼睛；用盲杖探路，竟将自己绊倒；不能看书，她就听书，录音机用坏了一台又一台……最终，她终于攻克了一道又一道难关。

她鼓起勇气要重返讲台，但谈何容易。第一关就是行路难。但这并没有难倒她，爸爸成了她坚强的拐杖。

她的板书依然那么漂亮，但学生们哪里知道，她贴在黑板上的左手在悄悄丈量着尺寸；学生们也没有觉察，多媒体的触摸屏上，被她悄悄贴上了一小块一小块的胶布作为记号；几周课下来，学生们竟然没有发现，他们的老师是一个盲人。

接着，她又有了新的梦想，去国外读书。

2000年，杨佳如愿考入哈佛大学肯尼迪政府学院，攻读公共管理专业。

哈佛老师上课，从不照本宣科，学生全凭笔记。她用学校提供的一台特殊电脑记笔记。一堂课下来，她的笔记就是一篇完整的讲义。课下，老师总会留至少500页的阅读作业，同学们都叫苦不迭，抱怨时间不够用。刻苦的杨佳每天学习到凌晨两点，不但圆满完成了学习任务，而且还比其他同学多学了3门课程。当然，比同学们多的，还有她的根根白发。

更令人惊奇的是，仅用一年时间，她就以全院最高分获得哈佛MPA学位。杨佳的论文《论邓小平的领导艺术》被定为肯尼迪学院的范文。毕业典礼上，当她从院长约瑟夫·奈博士手中接过证书时，全场几千名师生自发起立，为她——哈佛大学建校300年以来第一位获MPA学位的外国盲人学生鼓掌欢呼。她被约瑟夫·奈称为"来自中国的软实力"。

　　"一个人可以看不见，但不能没有见地；可以没有视野，但不能没有眼界；可以看不见道路，但不能停住前进的脚步！100次摔倒，可以101次站起来！只要我们坚持奋斗，就一定能战胜昨天，超越今天，迎接阳光灿烂的明天。"杨佳这样坚定地说。

　　杨佳用她顽强的生命之旅告诉人们，原来用信念点亮心灵，不但可以照亮自己，还可以照亮世界。

（崔鹤同）

情为此证

张小东是8岁时随他母亲嫁到了新安县上庄村，可不久继父死了，他和他母亲在村里成了最受欺负的人。邻居家同岁的林水花常护着小东，水花的单亲父亲常年在几十里外的洛阳市郊谷水村住乞丐洞捡破烂，水花就住在小东家里，两家穷帮穷帮出了情分。

2003年，小东的母亲和水花的父亲相继病故后，小东为了让水花继续上中学，不辞而别跑到了洛阳。27天后，小东正在洛阳较偏僻的一个桥头给路人擦皮鞋，乱发脏脸泪流满面的水花扑上去就打，那哭骂和疯样把路人都吓呆了。之后是他们抱在一起哭诉，水花说小东没良心，让她找得好苦！小东说他想供她上学，可一时找不到活儿。水花说："咱一起找！"

为了找工作方便，二人在市区租厂间房。富比富总不够，富比穷喜死人。别人看不上眼的后院杂物棚，让小东和水花收拾了一下，有了两张小板床，有了方方正正的四墙和贴画，有了煤炉和灶具，有了木板钉的小桌小凳，两人觉得这里简直就是天堂了，幸福得几夜都睡不着觉。

　　水花很快就找到了工作，在一家彩灯厂编彩灯。那彩灯厂的老板是个大财主，手下还有好几个加工厂。编彩灯是手上的功夫，水花的身手是；出奇的好，不到一月就成了熟手，一天下来能挣二百元左右。

　　小东找工作就有点难了，好久才找到一份建筑小工的活儿，干了俩月老板跑了，没拿到一分钱。又换了几个活儿，不是干不了就是气受不了。这时水花手里也有点钱了，就让小东去学开车，男人没个技术不行。小东就去学了，路途较远，他卖了三轮车，花30元买了辆破自行车，去学校，每天傍晚还要去接水花回家，彩灯厂离租房处很远。

　　2008年2月，水花买了辆旧夏利车，小东高高兴兴干起了出租车生意。这下，也能开车接送水花上下班了，那段日子就像蜜糖一般。

　　可是不久，水花的脸色越来越不好，身子也瘦了下来。小东要带水花去医院看看，水花都推说是活儿紧了，过段时间自己会好的。小东不由分说架水花上车，直接送到洛阳二院，这才知道水花患了胃癌。

　　手术很成功，只是少了半个胃。也许是天怜见，水花手术后恢复得很好，未发现任何异常。几个月下来，准备买房的钱也花完了，老板见她身体大不如从前，就让她干领班的活儿。

　　小东成天像个讨债孩子般讨水花的债，缠问她为什么那么不信任他，大病在身也不治，把他当什么人了……水花就娇笑："人家是穷怕了嘛！我是怕花了钱还是死，不想让你受一辈子的穷嘛……"小东抱紧水花哭着说："你错了，你早该知道，只要这份情至死不变，这一生就足够了……"水花笑道："好啦好啦！我答应你就是了，结婚吧结婚吧！"

苦搏了几年，还是结了个穷婚。领了个证，小租屋收拾了一下，门上贴个喜字，再就是给房东和厂里的发撒了些喜糖，连鞭炮都没响一下。

婚后的日子恬静又浓烈。水花干领班也是块好材料，老手新手都服她。小东的出租车也开得顺畅，水花加班时，他就干连轴通宵。水花心疼时，他就让水花看他的一身"疙瘩肉"。两人心照不宣：儿女不远了，房子也不远了，两个绑在一起的穷孩子就要真正站在人前了。

2010年10月2日夜，小东遭劫。三个刚犯了大案的歹徒将小东击晕推下车后开车逃窜。小东的命是保住了，但歹徒本意是要他命的，只是慌了些，让他成了植物人。

水花从痛到平静，守着小东，让小东的那句话成真：至死不变，一生就足够了！

水花到处打听能使植物人好转的奇迹和良方，学会一点就在小东身上施一点。一个接一个的权威名医都劝水花别太花费心思了，因为小东想恢复正常是不可能的。水花就再换名医问，同时，她自己开始学推拿针灸，先在自己身上练，练熟一个穴位就实习一个穴位，常常是通宵进行，实在困了就趴在小东身上睡一阵子。

最难做到的是长久，最最难做到的是以此为福。水花都做到了，越做越自然，成了每日必做的习惯了，表情也和从前一样了，笑得甜甜真真，有时还会开小东的玩笑："睡够了起来玩玩吧，我想死你了小坏蛋！"

2011年7月，水花也病了，几天下不了床。房东奶奶哭着问："闺女，这可怎么办哪？他要是一直没醒怎么办？"水花笑笑说："那我和小东下辈子给你三倍房租，接着治！"

最终结果已不重要了，在爱情的极限领域，水花和小东已做到了最好。人间爱情，以种种外在条件支撑着的居多，有几个能经得住极限考验？人间爱情，以伤痛后的种种悲叹居多，有几个反省过自身承受极限的程度？比比水花和小东，就应该明白了。

（狌月）

大学精神的文化力量

各位朋友、各位同志：

大学精神是一个很难讲透的题目，各位朋友如果查一下教授们的著作或者文章的话，大概也会看到有各种各样的说法。什么叫大学精神？我想从我们北大的几位前辈讲起。大家知道，北大的蔡元培校长曾对中国现代高等教育的发展做出过卓越的贡献。有记者问我，许校长你到了北大以后有什么新招没有？有什么发展？我坦率地讲，我所做的，只是传承了当年蔡校长的理念。北大一百多年来的传统，是由蔡元培先生奠定的。不久前，我到上海来，参加为纪念蔡元培先生而建的图书馆的落成典礼，那次我讲了这个事情，蔡校长非常伟大，他给北大留了8个字——"思想自由，兼容并包"，这是北大精神的核心。

大学是培养人的，它是一个研究学问的地方。从这个意义来讲，大学必须提供一个良好的学术环境、一个宽松自由的环境，以使我们的教员们能够静下心来，研究学问。同时，大学还必须有一种包容的思想。北大一百多年来，像毛主席讲的"百花齐放，百家争鸣"，基本是贯彻这种思想的。北大提供了一个比较宽容的学术环境，但是它又很包容。说实在的，北大的教授各种情况都有，有各种各样的思想。在这个过程中，北大得以不断成长。这是第一点，我引了蔡元培先生的话。

第二点呢，我想引一句鲁迅先生的话。鲁迅没有在北大当过教授，但他前后在北大教过很多年的课，对北大非常熟悉。他给北大留下一句话，他说："北大是常为新的。"说起历史上的北大，大家会更多地讲北大对中国革命起的作用。从传播马列主义，到中国共产党的成立，北大在历史上做了很多贡献。实际上，一直以来，无论是在政治上、思想上，还是在学术上，北大都在不断地创新。鲁迅先生这句话就说明了，北大在历史上永远在追求新的东西，或者用我们现在的话来讲，就是在追求一种创新、追求一种卓越、追求一种杰出。

另外，我还想引一句马寅初校长的话。马寅初校长是北大历史上一个骨气非常硬的校长。他讲过，所谓北大主义者，即牺牲主义也。他的意思就是说，作为北大来讲，为了追求真理应该舍得牺牲一切。这方面，他本人为我们北大人树立了一个非常卓越的典范。从他当年提出的"新人口论"，我想可以看到我们马校长的一种骨气。

由于历史原因，当时他受到了批判。我1959年考上北大不久，全校就兴起了批判马校长的政治运动，批判他的人口论，说他的新人口论是马尔萨斯的翻版。我还记得马校长在全校师生的批判会上答辩的情形，当时他讲的是浙江话，很多北方人都听不懂。他讲："我的'马'是马克思的'马'，不是马尔萨斯的'马'。"

可以看到，我们的马校长确实不一般，并没有在批判的潮流中屈服，因为他觉得真理在他手里。我记得，他当时还在一本杂志上写了一篇文章。他讲他当时已经年近80岁了，大家还批判他，他只能单枪匹马出来应战。但他讲，他从年轻时就开始洗冷水澡，已经练得清醒的头脑，不怕出来应战。我想，从马寅初先生身上，我们可以看到一种骨气。虽然那场批判让他从校长的岗位上下来了，但是他并没有为这些事所屈服，他依然坚持真理。最终，他的人口论、新人口论，他主张的计划生育，还是得到了政府的采纳。当然，很多人认为如果当年就开始执行计划生育，我们人口至少会少3亿，就会解决中国今天的很多问题。所以，我在北大对文科的教授们讲，我们应该有马校长这样的精神，为了真理，为了国家的发展，应该提出我们的思想。

我想，大学是培养人的地方，它特别是对一个国家、一个民族的未来起了非常重大的作用。我们都讲，一所大学好不好，不是看它有多少大楼。过去北大的蔡校长、清华的梅校长，这方面都有过很精辟的见解。他们认为，一所大学名望的树立，是靠学校里有一批对社会发展很有影响的教授，最终，由于这样一批教授使得学校能够培养一批学生，当学生们离开学校走向社会的时候，能够对社会各方面有很深刻的影响。这正是一所大学之所以能够存在、能够赢得社会声誉的非常重要的一部分。

怎么培养创新型人才？我们中国的大学能不能培养这种创新型人才？我想，这个和我们大学的精神是直接相关的。很难设想按照目前的教育体制，我们的小学、初中到高中这种应试教育的导向，能培养出创新的人才。如果大学还是照这种方式引导的话，我觉得中国就没希望了。大学的创新从这个意义来讲，它直接关系到一个国家、一个民族能不能真正的创新。所以我认为，作为大学的领导者，应该不断地反思我们目前的体制、政策和方针，是不是有助于启迪同学的创新思维？是不是有助于教授更好地发挥他们的聪明才智？

今天的社会，有太多的急功近利和目光短浅的事情，社会上各种现象都会在大学里有所反映，或者使大学受到影响。作为大学，怎么真正形成一个比较宽松的学术环境，使我们的教授能够倾心研究，同时对我们学生来讲，也有一个比较良好的学习环境，使他们能够安心地学习，这是我们教育的任务。

这几年，北大在这方面也在不断地探索。举个例子，我记得几年前有一位女学生写信给我。她说自己非常苦恼，原来她在理科学习，成绩非常优秀，又是学生干部，可她却希望转系。所在院系领导觉得很奇怪，她各方面条件这么好，为什么还要转系？系里怕影响大家，没同意她的转系申请。她没办法，就写信给我，说她对理科实在没有兴趣，说她所有的业余时间都在北大图书馆里面看文科方面的书籍，她真心希望转到文科去。我就和我们的教务商量，这么一个女孩子，与其让她在北大再苦恼两年，学习不喜欢的东西，为什么就不能让她转到一个自己喜欢的专业去呢？

大家知道北大的"元培"实验班，入学时只分文理科，不分专业，到二年级下学期，根据自己的兴趣和条件自由选择专业。去年第一届学生毕业了，我找他们座谈，问他们四年下来最大的收获是什么。他们告诉我，最大的收获是学会了选择。

大家可以想象，今天我们的高中毕业生到大学，到我们学校后问他们为什么要考北大，他们讲不出，说是爸爸妈妈叫他们考的，是学校的老师叫他们考的，因为北大是名校。所以，很多的同学到我们学校之后一年两年，都不知道要学什么。当然，这是我们基础教育存在的问题，这些问题不得不放到大学来解决。

所以每年新生入学，我们坚持开座谈会，听听他们的意见。我都跟同学们讲，如果你到北大来再要计较自己要不要考99分、100分的话，那太可悲了。我当然希望你们每个人好好学习，能够功课学好，但不是考99分、100分，不是争取班上考第一名。在大学，应该更多地注重培养自己的素质，培养自己的能力。

我们一直讲，大学是在为国家生产一些人才产品，但大学不是一个简单的生产产品的工厂。我不希望大学生产的产品是一样的。我更希望大学是个花园，我更关注生物界的多样性。我想大学应该是一个花园，我们每位教师都是园丁，花园里面应该生长着不同的花草，有乔木，有灌木，我们园丁的责任是根据每个人的不同情况，使这个人在校园里得到最好的成长，但是每个人又有非常鲜明的个性。如果我们能够这样做的话，那么我们今天的大学就成功了。

谢谢大家！

（北京大学校长许智宏在第五届"文化讲坛"上的演讲）

让你重新爱上我

起初，这不过是一对贫寒伴侣的普通爱情。

他在广州的某经济开发区当业务员，而她是某外贸公司的文员，偶尔在一次小聚会上认识，一见钟情。

两个人都是初恋，逛个街，吃碗拉面，爱的幸福度几乎爆棚。

热恋三年后，他随她回到湖南老家，准备提亲。那天，他从超市买完水果和礼物出来，正看见一辆大货车横冲直撞地开来，将等在路旁的女友撞飞，掷落。

他的魂魄都散了。

女友被送到医院，诊断为"急性重度颅脑外伤"，生命垂危。他在手术室外心急如焚。四个小时的手术后，医生说："她将度过一个危险的昏迷期，起码需要十万的护理和治疗费。如果过了15天还不能苏醒，也许将终身成为植物人……"

他扶着墙，才能站住。

去哪里筹措高昂的医疗费？女友家境贫寒，而他的所有存款不过三四万。他赶去肇事者的家，对方也是一贫如洗，拿不出钱来。

万般无奈之下，他找到当地日报社，请求帮助，只要准能负担部分医疗费，他愿意为对方无偿打工十年。

这对年轻恋人的报道见诸报端，很快就有一位王女士通过报社表示可以提供援助。他欣喜若狂，但一听到对方的名字，马上犹豫了。

他认识王女士，还是在广州打工的时候。当时他正上班，发现有辆宝马不慎撞到了单位的栏杆，车主坐在驾驶位前精神恍惚。他向来善良，马上出门，扶她下车，联系4S店修车，又喊的士送她回家。这位女士不久就来登门答谢。

时年28岁的王女士经营着一家贸易公司，拥有雄厚资产，事业上叱咤风云，情场却屡屡失意。这次，遇见"憨厚又帅气"的他，她怦然心动。

她什么都有了，缺的不就是一个爱人吗？

她热烈地追求他，犹如这是一份新的事业。她挑选高档服装和手表，愿意提供学费让他选择任意一所大学进修，甚至提出今后公司给他部分股份……他都不卑不亢地拒绝了。

他的理由只有一个："我有女友了，感情很好，请你找个更适合的男人吧。"

见多了唯利是图的男人，她对他倍加珍惜，尽管这并不道德，她仍然频频示爱："我会一直等你，只要你改变心意！"

为了逃避这热烈的追求，那年冬天他离开广州，带着女友转战他乡，自主创业。

时隔几年，王女士再次出现，并且是以捐赠人的身份出现。他思来想去，迫在眉睫，不得不拨通了她的电话。她立刻听出了他的声音，说："你放心吧，医疗费我来支付，不需要你打工偿还。如果过了15天，你的女友还没有苏醒，我还愿意请人照顾。"

他内心五味杂陈："谢谢你！钱，我一定会慢慢还你的！"

天不遂人意。不管他如何精心护理女友，在她耳边轻轻呼唤，女友一直昏迷不醒。一个月后，他抱着最后一线希望赶到北京宣武医院，求见一位著名的脑科大夫，苦等一天，毫无结果。他颗米未进，差点晕倒在大雪纷电的马路边。

赶回湖南，守在病床边，他握着女友的手，开始掉眼泪，竟至号啕大哭。声音如此凄厉，终于震动了女友的睫毛……女友醒了，似乎不认识他，也不会说话，看着眼前又笑义哭的那个男人，一脸茫然。

经过她的父母同意，他把她带回医院附近的出租屋进行康复治疗，希望节省点儿医疗费。他亲自为她换药，为她做物理按摩和听读训练。渐渐地，她一看见他就笑，响亮地喊出他的名字。

他什么钱都挣。去饭店洗碗、去建筑工地运砖、去码头扛包，每天中午赶回来做饭，深夜回家还给她按摩，常常按着按着，头一耷，就睡在椅背上。

王女士打过几次电话，他只是说，我会还钱的，谢谢你！女强人还是不甘心，特意从广州来到湖南，在一个正午，辗转找到了那条小巷内简陋的小屋。

有报社的摄像机跟着。

王女士捧着一大束洁白的百合，站在那扇窗前。

窗内，他正在给女友按摩双腿。他瘦了，黑了，还是很帅。他指法熟练，边按边笑着说："你爱我吗？爱，就伸两个指头；不爱，就伸一个指头。"她面颊还有点浮肿，啊啊了半天，从嘴里吐出几个模糊的问语，终于伸出了两个指头，孩子气地笑了。他说，宝贝，让你重新爱上还真难哪。

他吻了一下她的额头，像兄长，像父亲，更像恋人。

王女士站了良久，把百合悄悄放下，低头离去。

扛摄像机的记者后来告诉他，王女士说钱不用还了，祝你们幸福！

祝天下有情人幸福！真爱本身，原是上天最优厚的一种奖赏。

(羽毛)

绊脚石与铺路石

　　山里有座庙，住着师徒俩。徒弟每隔一段时间，就要下山去买吃和用的东西。

　　山道崎岖不平。一天，徒弟背着包裹，在一个拐弯处，被路上一块突出的石头绊倒，磕伤了胳膊。徒弟爬起来，对着石头，蹬了两脚，狠狠地骂道："这该死的绊脚石。"徒弟想把它挖掉，告诉了师傅，师傅却说："留着吧。"徒弟问为什么，师傅不语。

　　夏天的时候，山洪暴发，把山道冲毁了。师傅和徒弟，挖土刨石，把所有能用的土和石头都用完了，剩下一个坑，无法填平。

　　师傅想起了那块让徒弟吃了多次亏的绊脚石，和徒弟一起把那块石头抬起来，放进坑里，不大不小，正合适，下山的路又通了。

　　徒弟称赞师傅有先见之明，师傅只是淡淡地说："徒儿啊，有时候，绊脚石与铺路石其实是一块石头。"

（王院华）

是母亲的善良救了我们

　　那一年，在北风呼啸、雪花狂舞的内蒙古草原上，我与母亲经历了一场生与死的考验。如果不是母亲的善良，也许今天我就不会坐在电脑前，讲述那段动人心魄的经历……

　　那年春节将至。家里的食品批发商店生意极好。已经备好的货物显然不能满足正月时的销售。母亲就对我说："二子，咱们进趟奶粉吧，库房快空了！"

　　我们进货的地方是距家乡300多公里，一个叫西乌旗的草原小镇。中午，母亲和我一同向草原进发了。到了晚上8点许，我们赶到了目的地，并顺利地装好了车。我与母亲找了一个旅馆住下。第二天天还没亮，母亲就匆匆将我的房门砸开。她焦急地告诉我下雪了。我立刻惊出了一身冷汗。草原上下雪是十分要命的事情。如果雪大很快就会将公路盖上，使你分不清是公路还是草原，稍不留神就会有掉进雪坑的危险。曾经有过许多在草原上轧车而冻人的现象。我问母亲："雪大吗？"

　　"好像是刚刚下，地面上没有多少雪。"母亲说。

　　"赶紧走！"我开始收拾东西，并在心里埋怨母亲不该在年关还进货。

　　地上落有一指多厚的雪。可我隐约感到，在这寒风低吼的冬夜里隐藏着一股暗暗杀机。我发动着车，挂上最强劲的档位，全力奔驰在回家的公路上。天逐渐亮起来，地面上的雪落下了一掌多厚，我感觉到汽车的轮胎出现了侧滑现象，我只好放慢了车速。又走了一会，我的车前突然横出一堵雪墙，我紧急刹车，但满路的积雪还是将车滑撞到雪墙上。公路上有30多米的地方被狂风刮起的飞雪堆积成一堵一米多高的雪山。

　　"二子！"母亲忽然想起了什么，"咱们赶紧往煤矿开！"

　　"干啥？"我不解。

　　"那里可能有咱家乡的煤车，咱们和车队搭伙走！"母亲说。

　　我也忽然想起，来时我确实超过两辆来草原拉煤的卡车。心里立刻透出几分亮色。在这危机四伏的雪原上行车，如果与车队搭伴而行，危险会降到最低限度，最起码不会有生命危险。我掉转车头向煤矿奔去。更令人兴奋的是我们即将赶到煤矿的时候，雪停了下来。眼前登时豁亮了许多。

　　煤矿里没有看到车队的影子，只有一台装满煤的破旧"东风"140卡车趴窝在一家旅馆前。一个人影正俯在卡车前吃力地摇动着"摇把子"。我将车开到他的近前。母亲认出了那个人，说："那不是郎师傅吗？"

"就是他!"我说。我心里特别激动。郎师傅是个40多岁的老司机,平常大伙都管他叫郎三。

郎三也认出了我,他扔下"摇把子"向我跑过来,"咋还不走?"我说。

"整不着火!天太冷了!"郎三一脸的沮丧。

"用我的车给你拖着!"我说。

郎三的卡车很快被我拖着了火。我对他说:"你是老师傅,经验比我多,你在前面带路吧!"

这家伙一扬脖子说:"放心吧,兄弟!你三哥跑了这么多年的草原,就没有闯不过的难关!没有过不去的桥!"

郎三果然有一套本事。在这天地一色的草原上跑起来就像一头识途的老马,稳健且执着地行进在茫茫雪海。我紧紧地盯住郎三的车尾,一丝也不敢放松自己,唯恐他将我抛下,大约行驶了一个小时,郎三的车尾突然冒出一股黑烟,而后箭一般向前窜去。这家伙突然加油了。我也将油门加到了极限。母亲说:"前面好像有车!"

我抬眼望去,在我们右前方大约500米的地方趴窝着一辆"东风"平头大卡车。车下有两个人影正踉跄地向我们跑过来。

母亲说:"那辆车好像误住了!"

我说:"是误住了,后轮掉坑里去了!"

"那两个人是来拦车帮忙的!"母亲说。

"这天谁扯那淡!整不好把自己也弄进雪坑里去!"我说。

"没人帮他们非得冻死不可！"母亲说。

"草原上死人是常有的事……"我话没说完，发现郎三将车"掰"向另一个方向，尽力地躲避着跑过来的两个人。我也想跟着郎三跟着"掰"道。

那两个人显然看出了我们的意图，拼命地向我们招手。其中一个人跪在地上连连向我们磕头。

母亲说："二子，停车！"

"这时候谁还顾得上谁呀！"我没听母亲的劝说。

"咱不能那么缺德！"母亲说。

"你帮他谁帮咱们！"我将油门踹得更狠。

"要是误车的是你呢？"母亲露出令我害怕的严肃，"是人你就给我停下！"

我收了油门，母亲的话着实刺了我一下。然而郎三的车像一头受伤的野兽，哀号着向远处逃去。两个人跑到我的车旁，累得已经说不出话来，满脸冻起了水泡，有的水泡已经破裂，淌出清亮的脓水。母亲跳出车外，问这两个人："是不是轧车了？"

来人使劲地点点头："……轧了4个多小时……快冻死了……帮忙给拽上来吧……"

母亲爬上车，还没等她说什么，我就开车向那辆大卡车奔去。我知道此刻不管自己愿不愿意都违背不了母亲的意愿。

很快我就将那辆车拖出坑外。这是一辆辽宁的货车，没有在草原上行车的经验才滑进了雪坑。车内还有4个人已经冻得说不出话来，在车内抖成一团。母亲对司机说："再有两个小时就能走出这片草原，出了草原就是小镇，你们赶紧走吧！不然人就完了！"

司机向母亲点点头，又冲我抱了抱拳头，嘴里含混不清地向我和母亲说着什么，他的嘴已经冻得不好使了。然后开车离去了。

我又成了"光杆司令"。翻过一道山坡，我和母亲忽然发现郎三的车停在不远处，这家伙显然在等我们。我心中一热。终于体验到"亲不亲故乡人"的温暖！

没容我开口，郎三就把脑袋探出车外问我："你帮那小子拽车要多少钱？"

"没要钱！都挺不容易的。"我说。

"要是我至少要他1000元！"郎三说。

"我根本没想到要钱这码事！"我说。

"傻小子！你还是个雏！"郎三冲我诡秘一笑。

我们继续出发了。刚刚起步不远，便是一个不很陡的下坡，我突然感到车后猛地一震，紧接着便听到一声闷响，我的卡车突然停下，我瞟了眼后视镜，大脑几乎炸成两半，天呐！我的拖车翻了，山一般的奶粉箱子撒落在积雪上。我没有下车，我赶紧按响汽笛呼叫郎三。郎三的车停了一下，然而马上又重新启动，速度极快地向远处冲去，我几乎将汽笛鸣碎也没有唤住郎三滚滚的车轮。

母亲不知什么时候跳出车外，她呆呆地站在翻倒的拖车旁，任凭北风撕扯着她满是哀伤的脸。我心里一酸，什么也没说。我知道母亲此刻心里更加难受。其实母亲是担心我才跟着跑车，所以遭这么大罪。事情已到了这种地步我还能说什么呢？我对母亲说："我想办法，你上车吧！"

母亲说："我帮你！"

我说："你干不了！"

"没有我干不了的活！"母亲是个极刚强的人。

300多箱奶粉全部甩出车外。我试图将拖车与主车分开，这样我就能够开着主车将翻倒的拖车拽过来。可是两车死死地卡在一起，我与母亲拼力干了一个小时也没能将其分开。这时我看到母亲的鼻尖上冻出了一个手指肚般大小的水泡。我抱着母亲将她拖进车内。我说："妈，咱别干了，等着来车帮咱们拖吧！"

母亲坐在车里通身像筛糠一般抖动着，半天才说出话来。母亲说："这是通向旗镇唯一的一条路，肯定会有车通过，今天不来，明天一定有车过！"

母亲这是安慰我。天马上就要黑了。这种天气任何一个有经验的司机也不会夜行草原的。明天可能有车通过，可是我们能否挺过这漫长的冬夜却是一个生死攸关的问题。

天黑得令人害怕。我的双腿已经冻得完全失去了知觉，冷冰冰如硬挺的木棒。在这难挨的煎熬中母亲与我尽量寻找着一些话题。

母亲说："二子，你说咱们鸣笛的时候郎师傅听见没有？"

"肯定听见了！而且从后视镜里看到了咱们的情况。"我说。

"那他咋不站呢？"

"他不想陪咱们受罪！像你这样的好心肠能有几个？"

"人见死不救还叫人吗？"母亲说。

"这都是经验，以后咱们也应该狠点！"我说。

母亲叹了口气说："没遭过罪，不理解受罪人的苦处！如果每个人都像郎三一样咱们不是没救了吗？"

我心里一紧，脑海里蓦然划过一道死亡的阴影。是啊，如果人人都像郎三一样，我和母亲就得长眠草原了。我为自己的这种想法感到害怕，我尽量压制住这种不吉利的想法。我说："如果有车过来，我就是给他磕头，也要请他们帮助！"

"要是有车过来……妈给你磕头去……"母亲的话如鲠在喉。

我心如刀绞，有股温热涌向眼底，我落泪了。母亲这是自责。我善良而慈祥的母亲是因为疼爱他的儿子才遭此大难，我怎能不为这真挚的母爱而动容！

我沉默不语。我唯恐母亲听出我那不争气的抽泣声。沉默，又是一段漫长而苦难的煎熬。大约又过了一个小时，我试图动了动大腿。大腿已经抬不起来了。冷气已浸麻了我大腿上的每根神经。我用手揎了揎大腿，没有明显的感觉。我对母亲说："妈，你活动一下腿脚，看能不能动弹！"

母亲在车内踩出两声闷响，看来母亲的抗寒能力比我强些。母亲说："你的腿是不是不能动弹了？"

我说："没事，冻麻了！"

母亲急忙在我的大腿上捏了捏，说："二子，把鞋脱了！我给你焐焐！"说着母亲将我的一条大腿抱在她的怀里。从母亲倔强的双臂中我知道自己无法拒绝母亲了。母亲将我的另一条腿也揽在怀里，掀起身上的羽绒服，将两只冰块般的脚丫予裹进自己的腹内。我泪如泉涌，拼力按捺住自己的哽咽，但从母亲剧烈抖动的身体，我知道母亲也哭了。不知又过了多久。我的双腿终于有了一些温热感。但此时我却再也懒得活动一下自己的身体了。有睡意袭上我大脑，渐渐地我合上了双眼。迷蒙中母亲突然喊道："二子，二子！快醒醒！有车来了！"

我骤然挺起几乎僵硬的身体。大脑被母亲的呼喊砸得清澈透明。远处果然有灯光划过，有车正向我们的方向奔来。母亲将我的双腿放下，"二子你自己穿上鞋，妈给你截车去！"说完打开车门，然而母亲没有迈出车外，而是一头栽入雪地里。母亲的双腿也显然冻麻了。

我打开车灯向来车示警。在灯光的照射下，我看着母亲爬到车前，直直地跪向来车的方向。

热泪再次划过我的脸颊。

那辆车在我们的车前站下。有五六个人跳下奔向母亲，他们呼喊着："大婶！我们来了！"

我看清了，那些人正是白天掉进雪坑里的辽宁人！他们将母亲抬进他们的车内，也将我架进他们的车里。并点燃了车内的一个煤气炉。而后，他们忙碌在雪夜里，为我收拾撒落在雪地上的货物。

天逐渐亮了，我翻倒的拖车被拽过来。所有的货物又重新被几个辽宁人装在车上。由另一个人开着我的卡车，我们终于离开了这块灾难深重的雪原！

走在回家的路上，从司机的口中我和母亲弄清了被救助的原委。原来，他们被我从雪坑里拖出后，仅用两个多小时就走出了草原，到达了小镇。在小镇的路边饭店停下来，一边取暖，一边等待我们的车过来，他们想在饭店里请我和母亲吃顿饭以示对我们的感谢。他们等了很久，天逐渐黑下来，仍然没有看到我们的影子，由此他们判断我们娘俩可能出事了。于是他们借来几条被子，和一套煤气炉，连夜返回了草原。

母亲听完司机的叙述没有言语，扭头看着我，仍然没有说话。但从母亲那善良的目光中我分明读出了她的心里话：帮助别人就是帮助自己！

是母亲的善良救了我们！

（张二）

如何成功地选择职业

14世纪法国经院哲学家布利丹曾经讲过一个哲学故事：一头毛驴站在两堆数量、质量与它距离完全相等的干草之间。它虽然有充分的选择自由，但由于两堆干草价值绝对相等，客观上无法分辨优劣，也就无法分清究竟选择哪一堆好。于是它始终站在原地不能举步，结果活活饿死。这头毛驴的困惑和悲剧也常常折磨着人类，特别是处于择业路口的年轻人。

困惑：有一类困惑是无从选择

在择业时，如果你拥有较优越的现实条件，那就意味着你面临更为广阔的选择空间。而可供选择的目标越多，那么在你作出决策之前，其内心的矛盾冲突也就越多。比如：只有小学文化并没有什么专业技术的人，可选择的机会不多，因而只要找到一份工作，他就会很乐意去做，而受过高等教育的工程技术人员可以从事的职业很多，每一份工作都能满足他的某些需求，究竟去干什么工作，他心里不可能没有困惑。

心理学家把这种由两个或两个以上不能同时实现的目标所带来的心理矛盾称作"意志行动中的冲突",简称"冲突"。无论何种冲突,其实质都是要在两种或多种方案中作出唯一的选择。这种高负荷的思维总是伴随着紧张、焦虑、烦躁、不安等负性情绪,特别是面临择业这样的人生重大事件时,这样的情绪会更强烈、更深刻、更持久。

大学毕业后,阿峰拿着派遣证回到家乡。老爸是某单位的"头头",人际关系挺不错的,为儿子找份工作按说不太难。更何况老爸已经说过,决不让这个宝贝儿子做"丢人现眼"的工作。于是,在老爸紧密活动中,阿峰优哉游哉地等待着。不过,阿峰这种平和的心境没有保持多久。有位大学同学来找他一起到深圳去打工,并且说他已联系好了单位,试用期月薪就是1500元。阿峰说,他有点儿舍不得那份即将到手的安稳工作。同学却说他的脑筋还没有市场化,仍停留在"三铁"水平上。阿峰说,让他好好考虑一下,三天后给个确切答复。

实际上,阿峰也想出去,不仅仅是为了体验特区那种快节奏的现代化生活,也为了更好地发挥自己的专长,实现自己更大的人生价值。对一个想有所作为的年轻人来说,"一支烟一杯茶一张报纸看半天"的枯燥生活岂不是套在脖子上的枷锁吗?但如果出去,又能保证混个"出人头地"吗?在特区,到处弥漫着竞争味儿,自己又能适应那种"残酷"吗?干得不好,老板随时都可以炒自己鱿鱼呀!想出去,又不想出去;不想出去,又想出去。阿峰深深地陷进"选择"这片沼泽地里。他感到三天比三年还要漫长。

在择业路口，像阿峰这样无从选择的心理困惑主要表现为：

期望值和现实间的冲突。不少年轻人追求所谓"十全十美的职业"，他们把理想职业归纳为这样的公式：工作轻松简单+地位优越体面+环境舒适安全+工资福利可观+交通近便不倒夜班+结婚分配住房=理想职业。这反映了年轻人在职业选择中的一种从众心理——趋向众望所归的体面职业。然而现实是，体面职业的位子太少了，脏累差的工作倒是不少。

求稳心理和冒险心理的冲突。尽管我国已进入社会主义市场经济时代，但一些年轻人的思想并没有跟上时代前进的步伐。这表现在择业为的是找一份安稳的工作。另一方面，市场经济的惊涛拍岸之声又撩拨得他们心里痒痒的：趁年轻，为什么不去过一种富有刺激的生活呢？

盲目自信的虚幻心理和自暴自弃的自卑心理的冲突。自己到底能吃几碗干饭呢？无疑，对自己能力的正确认识，是择业的一个重要条件。遗憾的是，有不少年轻人对自己的能力缺乏正确认识。有时候，他们觉得自己无所不能，给一根足够长的杠杆也能把地球撬翻；有时候，他们又认为自己什么也不行，还是得过且过为好。

标准：选择意味着放弃，意味着负责

选择意味着放弃那些不合理的方案。同时，选择还意味着必须接受这一选择所要带来的一切结果。这就是我们平常所说的"对自己的选择负责"。在择业时，我们按照一定的标准进行选择，不仅是对自己负责，也能有效地突破无从选择的心理困惑。可是，也有一些年轻人竟对于想从事哪种工作没一点儿概念，更别说遵循什么标准了。

某位大公司的总裁说："我认为，世界上最大的悲剧就是，有那么多的年轻人从来没有发现他们真正想做些什么。我想，一个人若只从他的工作中获得薪水，而其他一无所得，那真是最可怜了。"这位总裁还说，甚至有一些大学生跑到他这儿说："我是××大学的毕业生，你公司有没有适合我的职位？"他们甚至不晓得自己能够做些什么，也不知道希望做些什么。因此，难怪有那么多年轻人开始时野心勃勃、充满玫瑰般的美梦，但到了中年之后，却一事无成，痛苦沮丧，甚至精神崩溃。事实上，选择正确的工作，对你的成功和健康都十分重要。

那怎么办呢？下面是择业的几项标准：

选择自己喜爱的职业。有人问一位功成名就的企业家，成功的第一要诀是什么？他回答说："喜欢你的工作。如果你喜欢你所从事的工作，反倒像是游戏。"确实，每个从事他所无限热爱的工作的人，都可以成功。因为喜爱，他会废寝忘食地工作，但丝毫不觉为苦，反而觉得自己每天乐趣无穷。

避免选择那些原已拥挤的职业。当今社会，谋生的方法有两万多种。但又有几个年轻人知道这一点呢？结果呢？在一所学校内，三分之二的男孩选择了五种职业——两万多种职业中的五项，而五分之四的女孩也是一样。难怪少数职业会人满为患，难怪白领阶层之间会产生不安全感、忧虑和"焦急性精神病"。特别注意，如果你要进入法律、新闻、广播、影视、演艺等这些已经过分人满为患的圈子内，你必须费大功夫。

避免选择那些维生机会只有十分之一的职业。例如：炒股。每年有不计其数的人（经常是失业者），事先未打听清楚，就贸然炒股。而实际上，百分之九十炒股的人都被弄得又伤心、又沮丧。结果，在一年内纷纷放弃。至于留下来的，成功的概率也只有百分之一而已，其余也仅能勉强糊口。

了解你想从事的某项职业。在你决定投入某项职业之前，先花几个星期时间，对该项工作做个全盘性认识。如何达到这个目的呢？你可以和那些已在这个行业中干过10年、20年或30年以上的人士面谈。这些会谈对你的将来可能有极深的影响。记住，你是在从事你生命中最重要且影响最深远的一项决定。因此，在你采取行动之前，多花点时间探求事实真相，是十分重要的。如果你不这样做，在下半辈子中，你可能后悔不已。

克服"你只适应一项职业"的错误观念。每个正常的人，都可以在多项职业上成功，相反，每个正常的人，也可能在多项职业上失败。你应该注意发展自己多方面才能，尤其是在生存竞争激烈的情况下，免得在一棵树上吊死。

行动：让自己别无选择

当然，知道了择业的标准，并不足以摆脱选择的困惑。因为完美化的思想会让人产生不切实际的愿望："如果……""要是……"为了等待这些虚幻的假设，我们会陷入长时间的内心冲突，并因此失去原有的自信。其实，我们面前的目标，现在都不可能是最好的。所以，立即行动才是最重要的。

做最坏的打算。那些成功者，那些作出充满艰险的决定而又持之以恒的人是怎么干的呢？最有说服力的是他们向自己提出问题：可能发生的最坏事情是什么呢？伟健在决定经商时，这样扪心自问："我希望开始我自己的生意。那样可能发生的最坏事情是什么呢？我可能失败，可能倾家荡产。如果我倾家荡产，可能发生的最坏事情是什么呢？我将不得不干任何我能得到的工作。那样可能发生的最坏事情是什么呢？我又会厌恶这种工作，因为我不喜欢受雇于人。于是，我会再找一条路子去经营我自己的生意。然后呢？第二次我定会获得成功，因为我知道如何去避免失败了。"这样想后，他就义无反顾地投身商海了。

尊重自己的意志。秀芝毕业后分到某银行工作，试用期的工资、福利比干了20年工作的妈妈竟然高出了许多。正当妈妈为女儿找到好单位而庆幸不已的时候，正当她为女儿未来生活做着种种美好假设的时候，却听到女儿要参加IBM公司在中国西南的代理商角逐的消息。妈妈慌忙赶到成都阻止女儿前去应聘，求她不要好高骛远异想天开。而秀芝却说，她之所以主动离开暂时有保障的单位，就是为了不失去锐气，不失去生活的主动权，而这些生存的真正保障是那些僵化的单位不能给予的。她没有听从妈妈的劝告，果断地去应聘，在代理商位置上干得有滋有味，而且前景看好。所以，即使会引起家庭纠纷，我仍然要奉劝年轻的朋友们：不要只因为你家人希望你那么做，就勉强从事某一职业；不要贸然从事某项职业，除非你喜欢。不过，你仍然要仔细考虑父母给你的忠告。他们的年龄至少比你大一倍，他们已获得那种唯有从众多经验及过去岁月中才能得到的智慧。但是，到了最后分析时，你必须自己做最后决定。将来工作时，快乐或悲哀的是你自己。

切断退路。在求稳思想指导下，干一件事，人们往往都会留一条退路。早几年时兴的"停薪留职"，也就是一条退路：干得不好，再回原单位上班就是了。不过，现在不少地方已停办"停薪留职"。很有可能这使得一些想看看外边风景的人又把头缩了回去，周而复始地干着自己厌烦的工作。这又怎么能快乐，又怎么能有利于成功呢？瞄准一件事，应该有勇气切断退路，逼着自己去干。发金从农学院毕业后，被分到镇农技站上班。而他的理想是自己搞立体种植。好长时间，他都在选择中挣扎。终于，他咬牙辞掉了农技站的工作，退路没有了，他的心情反而开朗起来，因为他可以从事自己喜欢的工作了。据说，他干得挺不错，已成为全县有名的种植大户。

全力以赴。再伟大的思想，也得与最原始的实践进行磨合。经过几年思考，少鸿要到社会中去实践他的"M计划"（M是英文"杂志"一词的第一个字母）。"M计划"就是在中国欲使图书像钱币一样流通成为现实，给传统的图书借阅方式带来一场"革命"。他先摆地摊卖书，来进行原始积累。熬过了长长的日子，他又把"M计划"发展成"RRR计划"，自己也成为全省最大的私企老板，并成为民办文化的代表人物。事实上，无论在人生的哪个领域，全力以赴都是最好的选择——它能使我们集中个人有限的精力，去走好自己的路。

（杨玉峰）

贫困生，跋涉出亮丽人生

到 1997 年 8 月，全国 1000 多所普通高校招生都实行"并轨"制，不再分国家任务和调节性计划两类。这是继 1994 年全国 37 所名牌大学试行招生"并轨"以来，我国高等教育迈出的突破性的一步。面对同一录取分数线，所有考上高校的学生都得缴费上大学。于是随之也产生了一个"新生代"——高校贫困生。据资料表明，全国普通高校经济困难的贫困生占总数 15%。他们主要来自边远落后的贫困地区，也有的是由于家庭发生了不幸的灾难和变故，如父母下岗、离异等，从而手头拮据，囊中羞涩，经济上勉强达到甚至难以达到学校所在地最基本的生活水平，一般无力缴纳学杂费、购置必要的生活和学习用品。

但是，这个因"并轨"而产生的特殊群体却向社会展示着他们的独特魅力。他们以坚强的毅力、吃苦耐劳的品质、刻苦学习的精神，向社会展示着一道绚丽的人生风景线：

在贫困中奋发可以自立成材，在奋发中可以升华人生！

秋天以其辉煌令人神往，以其悲壮令人瞩目，但它更以其深邃令人思索！下面，让我们一起走人贫困生的生活空间，循着清贫执着的心路，去体验生活的艰辛，感受生命的真谛。

回眸昨天，磨难中树起坚韧的旗帜

贫困生之所以能跨入大学的校门，成为"天之骄子"，并在今天的高校生活中立于不败之地，与昨天的磨难是息息相通的。

"我们在物质上匮乏，但我们在精神上富有。""休言女子非英物！"在贫困面前，湖北的江洁、江莎姐妹俩以她们感人的奋斗历程，向人们展示着坚强。当年卖冰棒挣学费的姐妹俩，皆以548分的好成绩，双双考入了武汉大学外语学院。这一消息不胫而走，似一颗炸弹震撼了邻居、师生："'鸡窝'里飞出了一对'金凤凰'。"但是，在这耀眼的桂冠背后，却是——条坎坷崎岖的荆棘之路。

姐妹俩的父亲是湖北机床厂退休工人，母亲是该厂食堂的临时工，工资总共才400元，加上80元的民政补贴，就是全家的总收入。这是一个处于生活水平最低线的家庭。江洁、江莎上高中后，近600元的学费以及生活费，给贫困的家庭带来了沉重。困难并没能压倒姐妹俩，求知的渴望时刻激励着她们。高一暑假，姐妹俩毅然背上沉重的冰棒箱，每天到外面去叫卖，一分分挣取学费。最初还不适应，感觉害羞，可过不几天，也就无所谓了。毒毒的太阳，使人酷热难当，汗水浸透了她们的衣衫。有了上学的希望，她们品味这苦却是酸甜酸甜的。

在中学，姐妹俩每月才60元的伙食费。她们从不吃早饭，中午合吃一份盒饭，晚上一人一袋方便面。每天她们几乎都在经受着饥饿的煎熬，在饥饿中走入教室，又在饥饿中走出课堂，进入梦乡……每天早上5点半，锁着铁门的教学楼边，便能听到江洁朗朗的读书声，整个上午，维持她体力的仅仅是早上喝下的白开水。江莎习惯晚上学习，当大家进入甜蜜的梦乡时，她还在看书，做习题。

湖北大学的黄海涛谈起他的家和以前的求学经历，其间充满了无尽的辛酸和难言的苦涩。他那坚强的性格时刻感化着我。徜徉在他往日的生活中，我的心久久难以平静。那张让人一望便知"刚毅"的脸，似乎是他对生活的注解。

母亲在他童年时就不幸地离去了。上初三时，灾难又一次降临在他家。年仅24岁的大哥患肺癌去世，接着嫂子改嫁了，家中除剩下一屁股的外债，还有一个多病的父亲。于是17岁的他不得不辍学回家挑起生活的重担。家庭的不幸、生活的艰辛并没有动摇他求学的渴望。辍学在家的日子里，他在劳动之余，争分夺秒，勤奋自学。第二年夏天，他考取了红安县一中。

考取高中本是件高兴的事，可对于黄海涛和他那穷困的家来说，无疑是又添了一副沉重的担子。望着无助的家，泪浸乡土，他二下成熟了许多，坚强了许多。他知道，大学的梦要靠自己圆，要读书，靠自己挣钱！

1992年夏天，他带上高中课本和借来的11元钱，孤身一人独闯武汉。在武汉，他夜宿火车站，白天找活。第二天仅有的五个烧饼吃光了，到第三天中午，他无奈地空着肚皮，无精打采地来到一个建筑工地。老板面带疑容，将他单薄的身体打量一番，指着边上的一堆沙子说：筛完它，就留下！

武汉，火炉！晌午的骄阳照射着，饥饿、热浪使黄海涛经受着双重折磨。但是，这个机会对他来说，是生命的起点和希望，几次差点倒下，他都硬挺过来，他不能让老板看出自身的虚弱。终于筛完了最后一锹沙子，他得到一份每天6元工钱的活儿。全天上班干11个小时，运沙、挑砖、扛水泥袋、打混凝土。每天干完活，他就拿出高中课本复习，民工们睡觉熄灯，他就点蜡继续学习。他干的全是重体力活，但却舍不得用钱买好的饭菜，他要攒钱回去读书。他时常是在饥饿中干活，一有加班任务，就抢着干。为了能够拿双倍的工钱，有一次他竟连续干了三天三夜。

苦可以折磨人，也可以锻炼人。上大学二年级时，黄海涛就通过了英语四级考试。现今他已是数家报刊的特约记者，1994年底发表文章以来，他先后有10万余字的作品被《人民日报》《中国青年报》等20多家报刊采用，还光荣地加入了中国共产党。

正视今天，"骄子"路延续着自强不息

贫困生们衣着俭朴，面容清瘦，一日三餐吃的是便宜的饭菜，有的甚至是盐水泡米饭。中国农业大学的一名大学生竟因无钱买食

堂的菜，到校医院开板蓝根冲剂泡饭吃。他们在经受着"并轨"嬗变中的剧痛！

剧痛中贫困生并未消沉。他们高呼着一个发人深思、颇具哲理的口号：

苦难是一所大学；苦难也是一笔财富！

水激石则鸣，人激志更宏。我所了解的周天翠，已坚强地走过了三年大学路，以"红颜不让须眉"的气概，继续前行。周天翠自踏进重庆工业管理学院以来，利用勤工助学的机会，不仅解决了自己的"经济危机"，并且还资助家中的两个弟弟，其中一个已考上大学，另一个也是成绩优异的中学生。她说，当初穷困的家给不了她多少经济上的资助，她也不忍心伸手向家里要钱。因此，大学的路只能靠自己去走，靠自己去生存、去完成学业！生命的寂寞和苍白本不该属于她，但她都一点点承受了，纤弱的心灵在磨炼中一天天坚强起来。刚进大学校门时，她就投身于边学习边打工的快节奏中了，脑子里成天装的就是班上的工作和需要完成的功课，经济上考虑今天要挣多少钱？明天要用多少？怎样才能更节省？她抓紧课间休息间隙完成作业、复习功课，午休时间就到院教材科装订书籍，晚上家教完毕又去装订书籍，直到深夜11点。假期，那就更是一身兼数职了，整天奔波于几个打工点。一次，由于过度疲劳，晕倒在工作间里。谈起这些苦涩的往事，周天翠没有丝毫的哀怨，一丝笑意从眼角旁露出来，迅速占领整个脸庞，让你感觉到自强者的刚强。

人不仅仅只是为了活着而活着，要在生存中求发展。若一味地将自己定位在贫困的位置上，不能够解脱自己，还能谈自立吗？

　　甄国亮是来自广州的一名大学生。母亲下岗，父亲又常生病。入学初，他的心情异常沉重。但是，这样下去能解决问题吗？在夜晚，窗外每一盏稀疏的灯火都令他想起千里之外家的震颤。当太阳升起的时候，黑夜卷走了他所有的忧虑，他体验到一个人独处的滋味，感到一种新的渴望在体内拔节、生长。他毅然向学校申请勤工助学。学校将他安排在洗衣房，每月干8次，每天中午12点半上班，晚上8点多才下班，每次洗70多桶，报酬20元。虽然工作很辛苦，但对于几乎没有经济来源的甄国亮来说却感到莫大的欣慰。欣慰的是每月不再伸手向家要钱，自己助学中能够自理自立，顺利完成学业；欣慰的是让父母了却一块沉重的心愿。

　　通过参加校内外的勤工助学、打工等活动，不仅使经济困难的学生获得报酬，得到资助，而且锻炼了学生们的能力，增长了才干，增加了社会知识，开阔了视野，培养了劳动观念，丰富了社会经验。生活的唐炼，使他们变得比别人更为成熟、自信……谈起这些，贫困生皆引以为豪，同学们也向这个特殊群体投去羡慕的目光。

（陈良泽）